信息技术实训教程

主　审　王　浩
主　编　杨　枢　陈兴智
副主编　时从政　张　钰
　　　　陈春燕　刘玉文
参　编　李　超　翟菊叶
　　　　王　凯　陶　冶

图书在版编目(CIP)数据

信息技术实训教程/杨枢,陈兴智主编.合肥:安徽大学出版社,2016.12
ISBN 978-7-5664-1285-0

Ⅰ.①信… Ⅱ.①杨…②陈… Ⅲ.①电子计算机—高等学校—教材 Ⅳ.TP3

中国版本图书馆 CIP 数据核字(2017)第 000211 号

信息技术实训教程　　杨　枢　陈兴智　主　编

出版发行:北京师范大学出版集团
安 徽 大 学 出 版 社
(安徽省合肥市肥西路 3 号 邮编 230039)
www.bnupg.com.cn
www.ahupress.com.cn
印　　刷:合肥现代印务有限公司
经　　销:全国新华书店
开　　本:184mm×260mm
印　　张:10.25
字　　数:243 千字
版　　次:2016 年 12 月第 1 版
印　　次:2016 年 12 月第 1 次印刷
定　　价:22.00 元
ISBN 978-7-5664-1285-0

策划编辑:李　梅　蒋　芳　　装帧设计:李　军
责任编辑:蒋　芳　　美术编辑:李　军
责任印制:赵明炎

前　言

随着卫生信息技术的快速发展和行业需求不断加大，各高校卫生信息管理类和工程类专业开设的规模不断扩大，而与之配套的实训教材却不足。信息管理与信息系统（卫生信息方向）、医学信息工程、物联网工程（卫生信息方向）等专业是建立在医学、管理学、计算机科学与技术、电子信息、信息学等学科基础之上的新兴专业，是为满足卫生信息化建设与发展应运而生的。针对这些专业的实践教学，在融合上述学科交叉内容的技能培养方面，还缺乏难度相应、内容适中的课程实训和课程设计教材。我们在多年使用自编讲义的基础上，结合对用人单位的回访与调研，组织专业教师编写了《信息技术实训教程》，以满足本、专科学生及相关教学人员使用。本书的主要特点如下：

一，独立于具体教材，自成体系，涵盖了大部分计算机主干课程，满足C语言程序设计、数据结构、软件工程、信息系统分析与设计、网页（网站）设计、计算机网络等课程实训和课程设计教学要求。

二，现有类似教材一般存在难度过大、案例过于复杂的问题，本书有针对性地设计案例，循序渐进地启发学生完成教学任务。

三，本书案例设计以提高学生实际应用能力、改善实验实训教学效果为目的，充分考虑计算机类相近专业、交叉专业的特点，并兼顾计算机类专业教学。

全书共分4章，第1章为程序设计课程设计，由陈春燕老师负责编写；第2章为信息系统课程设计，由刘玉文老师负责编写；第3章为网站规划课程设计，由张钰老师负责编写；第4章为计算机网络实训技术，由时从政老师负责编写；李超、翟菊叶、王凯、陶冶等老师参与了编写工作。教育部大学计算机课程教学指导委员会秘书长、合肥工业大学博士生导师王浩教授对全书进行了全面指导，在此表示特别感谢！

本书是基于卫生信息类专业实践能力培养的目的编写的，由于编者水平有限，书中难免存在错误和不妥之处，敬请广大师生批评指正。

编　者

2016年11月

目　录

第1章　程序设计课程设计

【教学内容】

本章详细讲解了利用C语言做案例开发的过程。1.1节介绍了常用的C语言集成开发环境;1.2节介绍了图形界面的操作方法和程序开发的基本流程,并以“五子棋游戏”为例讲解了开发流程;1.3节介绍了C语言中结构体和文件操作的综合应用,并对“学生成绩管理系统”程序范例进行解析,引导读者掌握大型程序设计的设计思想和方法。

【教学目标】

◆了解大型程序设计的设计思想和方法。

◆熟悉管理系统开发的基本流程。

◆掌握程序设计的基本概念、基本语法和编程方法。

◆掌握实际设计操作中系统分析、结构确定、算法选择和数学建模的方法。

1.1　编程环境

1.1.1　Win-TC 简介

1. Win-TC 的特点

Win-TC是Windows平台下的C语言开发、编译工具,它使用Turbo C 2.0作为内核,提供Windows平台的开发界面,支持剪切、复制、粘贴和查找等功能。与Turbo C相比,Win-TC在功能上进行了很多的扩充,提供了C内嵌汇编等功能,还带有点阵字模、注释转换等工具集,为程序的开发提供了很大的帮助,它因使用灵巧、方便等特点而深受用户喜爱。

Win-TC主要包括以下特点:

(1)在Windows操作系统下编辑C源码,可以充分利用Windows操作系统支持剪贴板和中文的特点。

(2)Include和Lib路径自动定位,不用手动设置。

(3)具备编译错误捕捉功能。

(4)支持C内嵌汇编,从而实现C/ASM混合编程。

(5)支持C扩展库(自定义LIB库)。

(6)具有错误警告定位功能,出现编译错误时,双击输出框的错误行信息可以实现自动找寻定位。

(7)支持语法加亮功能,并可以自定义设置。

(8)没有目录路径限制,用户甚至可以安装到带有空格的路径文件夹里。

(9)允许自定义设置输入风格,能够实现VC类似的输入风格。

(10)可选择是否生成.asm、.map或.obj文件,用户甚至可以指定只生成.exe文件。

(11)具有稳定的文件操作功能,支持历史记录列表和使用模板。

(12)具有撤销和重复功能,并可以按照内存情况设置最多撤销次数(最多允许 999 次)。

(13)具有行标计数功能,并可以设置样式。

Win-TC 的这些特点使得对 C 的编写、编译、运行等操作都变得很简单,从而大大提高了工作效率。

2. Win-TC 的使用

Win-TC 使用 C 内嵌汇编,既能够发挥汇编的高效性,又可以发挥 C 语言的易用性。在 Win-TC 中,用户只需要编写好代码,然后直接选择"运行"→"编译连接并运行"命令,即可完成编译和运行工作,如图 1-1-1 所示。

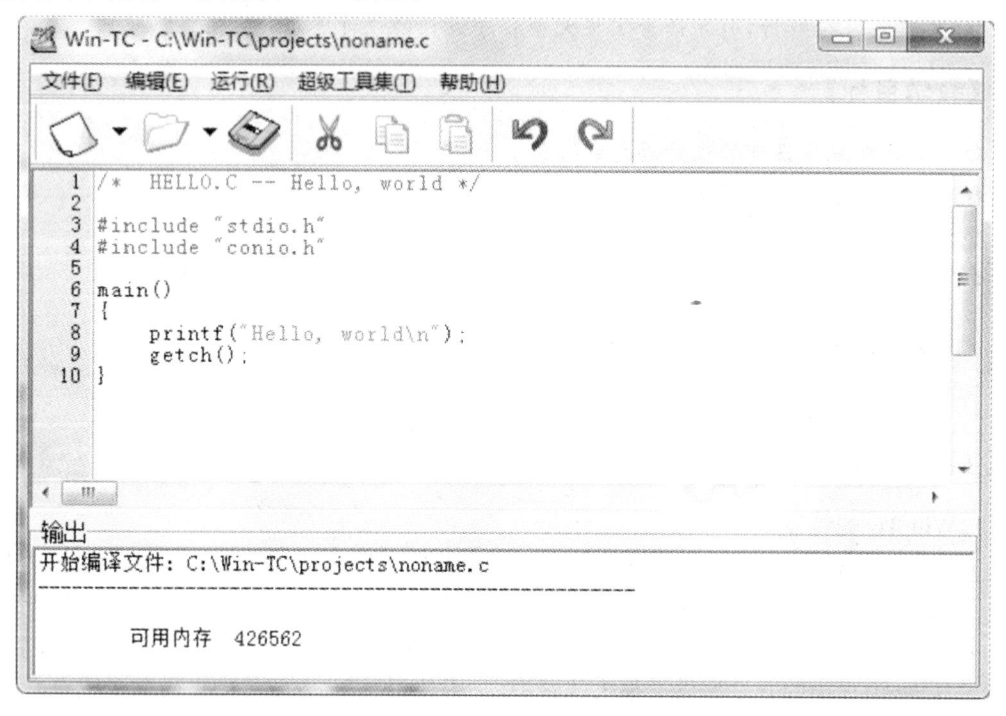

图 1-1-1 Win-TC 运行界面图

1.1.2 Visual C++ 6.0 简介

Visual C++ 6.0(以下简称 VC 6.0)是 Microsoft 公司推出的开发 Win32 程序的集成开发环境,可将"高级语言"翻译为"机器语言",并支持面向对象可视化编程。它具有程序框架自动生成、灵活方便的类管理、代码编写和界面设计集成交互操作、可开发多种程序等优点,并且通过简单的设置即可使其生成的程序框架支持数据库接口、OLE 和 WinSock 网络等。

VC 6.0 不仅是一个 C++编辑器,而且是一个基于 Windows 操作系统的可视化集成开发环境(Integrated Development Environment,IDE)。VC 6.0 通过一个名为 Developer Studio 的组件,将其他多个开发组件(包括编辑器、调试器以及程序向导 Appwizard、类向导 ClassWizard 等)集成为一个统一的开发环境。

1. VC 6.0 的特点

(1)同时支持面向过程和面向对象的程序开发。

(2)界面简单、资源消耗小、操作方便。

(3)VC 6.0 进行 Windows 应用程序的开发主要有两种方式:一种是 WinAPI 方式,另一种是 MFC(Microsoft Foundation Class)方式。MFC 是微软公司提供的一个类库,以 C++类的形式封装了 Windows 的 API,并且包含一个应用程序框架。传统的 WinAPI 开发过程比较繁琐,MFC 对 WinAPI 进行再次封装,因而 MFC 相对于 WinAPI 开发更有效率。

(4)VC 6.0 作为一个集成开发工具,提供了软件代码自动生成和可视化的资源编辑功能。在使用 VC 6.0 开发应用程序的过程中,系统能自动生成大量不同类型的文件,大大简化了程序开发的工作。

2. 创建控制台应用程序

VC 6.0 提供了一组快速建立稳定应用程序的工具,利用这些工具可以加快开发速度。

单击“文件”菜单中的“新建”菜单项,选择工程栏下的 Win32 Console Application 项,给工程取名,单击“确定”即进入如图 1-1-2 所示的 Win32 Console Application 向导。向导提供了四种应用框架:空工程、简单应用、"Hello,World!"程序与 MFC 类接口。图 1-1-2 所示为创建一个空工程,单击“完成”,向导会自动生成工程的信息。

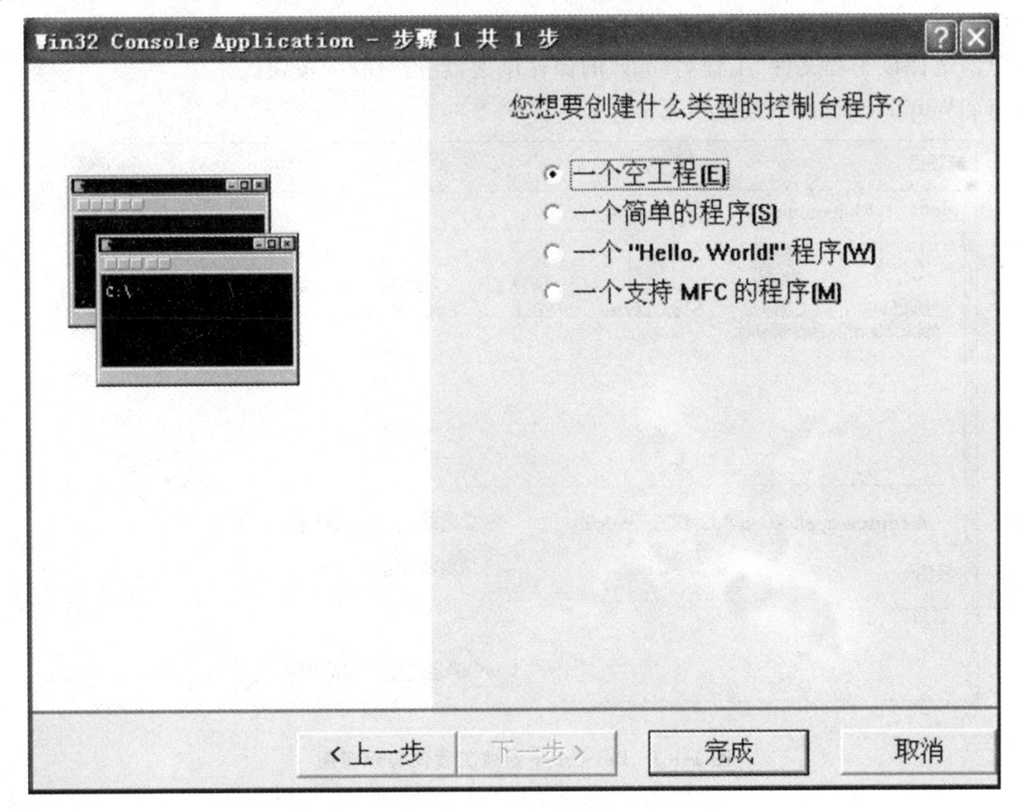

图 1-1-2　VC++ 6.0 创建工程向导示意图

1.1.3 Dev-C++简介

Dev-C++是 Windows 系统下的一种 C/C++程序集成开发环境，遵循 C/C++标准，使用 MinGW32/GCC 编辑器。Dev-C++具有良好的开放性，它与免费的 C++编译器和类库相配合，共同提供一种全开放、全免费的方案。它是一款用 Delphi 开发出来的自由软件，拥有对其一切工具自由使用的权利，包括取得它的源代码。作为一款自由软件，Dev-C++不断发展进步，已经成为一款非常实用的编程软件。

1. Dev-C++的特点

(1)免费软件，不涉及版权使用问题。

(2)使用 MinGW32/GCC 编译器，支持交叉编译，例如，可在 Dev-C++中配置 ARM 交叉编译环境。

(3)编译器对 C++标准支持程度高，并支持诸多第三方库。

(4)编译器和 IDE 都提供源代码。

2. 创建控制台应用程序

创建一个简单 Win32 控制台工程的步骤如下：

(1)单击菜单“文件”→“新建”→“工程”，进入工程创建对话框，如图 1-1-3 所示。

(2)在工程类型中选择“Console Application”，在名称栏中输入工程名，工程语言设置选择“C 项目”或“C++项目”，点击“确定”按钮。

(3)选择该工程文件“工程名. dev”的保存位置，点击“保存”按钮。

(4)Win32 控制台工程创建完毕。

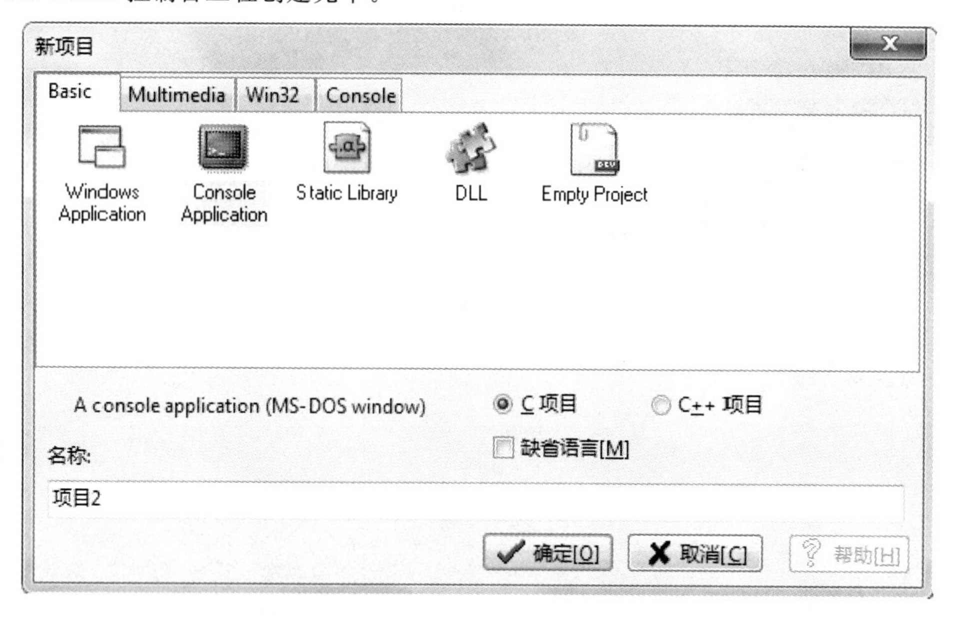

图 1-1-3 Dev-C++创建工程向导示意图

1.2　五子棋游戏

1.2.1　设计目的

五子棋是一种训练人逻辑思维严密性的游戏。本节介绍了用C语言实现五子棋游戏的设计流程，旨在训练读者游戏开发技巧，加深对画图函数的理解认识，掌握C语言图形模式下的编程方法。为了使游戏编程简化，本项目没有涉及人机交互，只是简单的两人对弈。通过本程序的训练，使读者能对C语言有更深刻的理解，并掌握五子棋游戏开发的基本流程。

游戏规则：一个19行19列的棋盘，由两个人轮流下棋，如果某一方最先有5个连续的棋子(行、列、对角线)，则该方为赢家，游戏一局结束。

1.2.2　功能需求

本程序用C语言实现五子棋游戏，能进行基本的五子棋下棋操作，并实现界面的初始化、下棋、胜负判断和帮助等功能。

(1)下棋操作。程序能实现下棋操作，在下棋过程中能随时退出。

(2)初始化。数据初始化，界面初始化，默认Player1先行。

(3)胜负判断。程序能对下棋的结果进行判断，分出胜负，并显示获胜信息。

(4)显示帮助信息。显示信息，提示该由哪方行棋，玩家如何进行游戏操作等。

本程序包括4个子模块，分别是初始化模块、功能控制模块、下棋操作模块和帮助模块，如图1-2-1所示。各个模块的功能描述如下：

初始化模块：该模块主要用于初始化屏幕信息，包括显示欢迎信息、操作方法和初始化棋盘。

功能控制模块：该模块是各个功能函数的集合，主要是被其他模块调用，包括画棋子、胜负判断、行棋转换等功能。

下棋操作模块：该模块用于执行下棋操作。

帮助模块：该模块主要用于显示帮助信息，提示轮到哪方下棋。

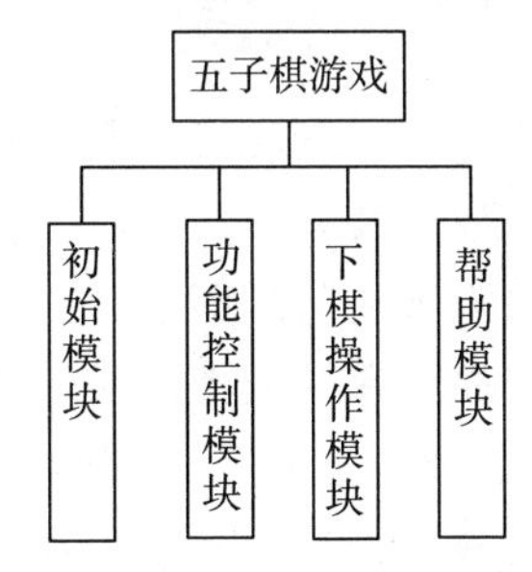

图1-2-1　五子棋系统模块图

1.2.3 算法设计

1. 主函数模块设计

（1）任务执行流程。游戏初始化后默认是 Player1 先行。当 Player1 行棋后，程序判断 Player1 是否获胜，如果获胜，则显示获胜信息，否则交换行棋；交换行棋后，Player2 行棋，当 Player2 行棋后，程序判断 Player2 是否获胜，如果获胜，则显示获胜信息，否则交换行棋。程序以一方获胜或者按 Esc 键为结束标志。由于本程序不涉及人机交互，因此较为简单。如何判断胜负是问题的关键，以落子点为中心，分别沿着水平、竖直和两条对角线方向进行搜索，判断这 4 个方向是否与最后落子的一方构成连续 5 个棋子。

任务执行流程图如图 1-2-2 所示。

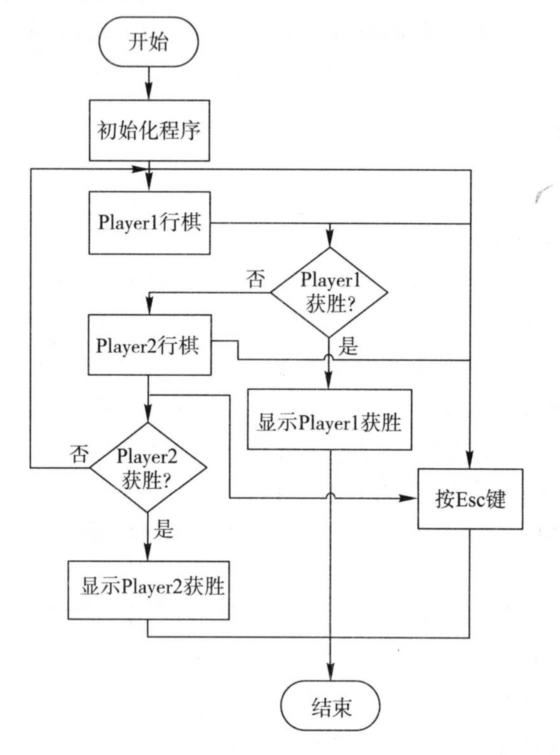

图 1-2-2 任务执行流程图

（2）下棋操作函数流程。下棋操作函数（Done 函数）是本程序的核心部分，它调用功能模块中的函数来实现各种操作。首先获取 key 值（即键值）（UP、DOWN、LEFT、RIGHT、SPACE 或 ESC），如果获取的 key 值为 ESC，则退出程序；如果 key 值为 UP、DOWN、LEFT 或 RIGHT，表示移动棋子，程序首先在移动方向上判断棋子下一步是否超出边界，如果超出边界，则什么也不做（表示当前位置已经处于棋盘边界），否则根据 status[i][j]的值进行操作（如果 status[i][j]为 0，则表示(i,j)位置没有棋子，可以落子；如果 status[i][j]为 flag 值，则表示(i, j)位置已有棋子）；如果 key 值为 SPACE，表示落子操作，在落子后，判断当前行棋方是否获胜，如果获胜，则显示获胜信息，否则交换行棋方。

Done 函数的流程图如图 1-2-3 所示。

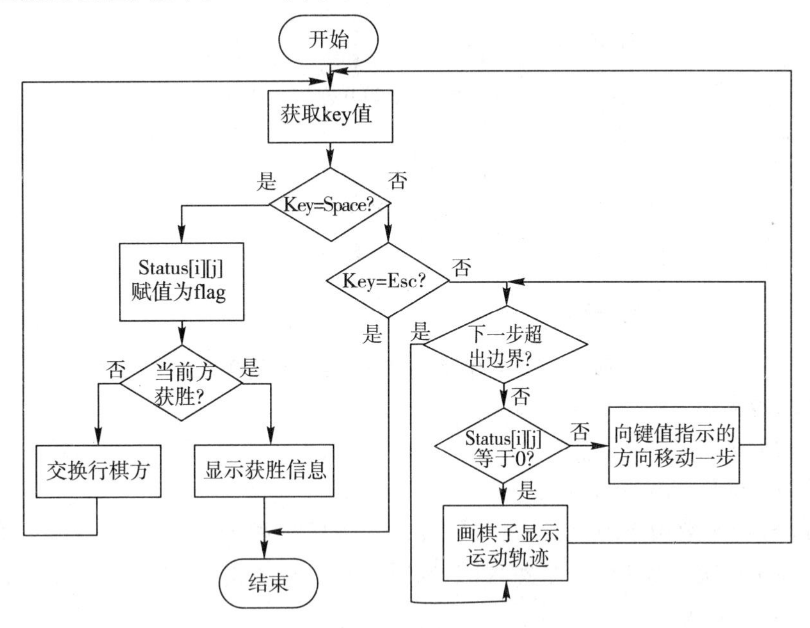

图 1-2-3　Done 函数的流程图

2. 数据结构设计

本程序没有自定义结构体，只定义了一些全局变量和数组。另外，本程序还涉及坐标位置的偏移，这方面的内容也在此讲述。

(1)定义数组。定义数组 status[N][N]，该数组存储整型类型的值，最多可以存储到 status[19][19](实际上棋盘上只画了 18×18 个位置)。数组 status 存储给定坐标(实际是映射位置)的状态值。状态值有 3 个，分别为 0、1、2。0 表示给定坐标映射的位置没有棋子，1 表示给定坐标映射的位置是 Player1 的棋子，2 表示给定坐标映射的位置是 Player2 的棋子。

(2)全局变量。

①step_x、step_y：这两个变量是整型的，表示行走时棋子所处的 x 和 y 轴坐标。

②key：该变量是整型的，表示按下键盘的键值。本程序中可获取的键值包括 0x4b00(LEFT)、0x4d00(RIGHT)、0x5000(DOWN)、0x4800(UP)、0x011b(ESC)、0x3920(SPACE)。

③flag：该变量是整型的，用以表示行棋方。flag 为 1 表示 Player1，flag 为 2 表示 Player2。

(3)坐标位置偏移。坐标位置偏移主要用于函数 DrawBoard()和 DrawCircle()，定义了 OFFSET_x(大小为 4)、OFFSET _y(大小为 4)和 OFFSET(大小是 20)3 个偏移量，分别表示 x、y 坐标偏移和放大倍数。

坐标(x,y)及其映射的位置关系示例如图 1-2-4 所示。

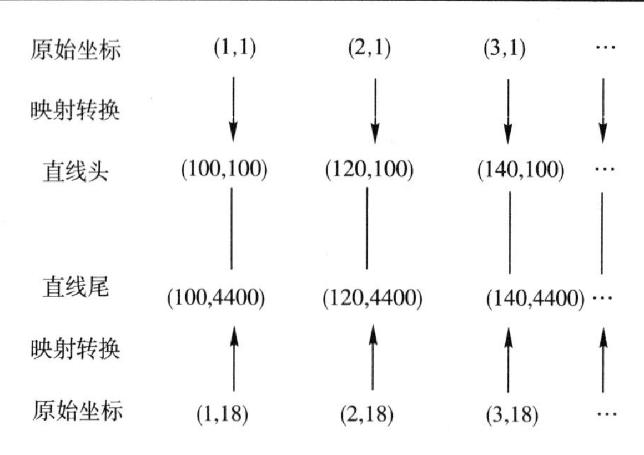

图 1-2-4 坐标(x,y)及其映射的位置关系

3. 函数功能描述

(1)BrawBoard()。

函数原型:void BrawBoard()。

BrawBoard()函数用于画棋盘。棋盘是由 18 条横线和 18 条竖线交叉组成的。该函数主要是通过调用系统函数 line()来实现的,同时输出提示性文字,如按键操作等。

(2)DrawCircle()。

函数原型:void DrawCircle(int x, int y, int color)。

DrawCircle()函数用于在指定的坐标用指定的颜色画圆圈。本程序用小圆圈表示棋子,不同的颜色表示不同的行棋方;其中 x、y 指示所画圆圈的圆心,半径大小在函数中设定;color 用以表示所画圆圈的颜色,有两种颜色,白色和红色,白色圆圈表示 Player1 的棋子,红色圆圈表示 Player2 的棋子。该函数主要是通过调用系统函数 circle()来实现的。

(3)Alternation()。

函数原型:void Alternation()。

Alternation()函数用于在两个行棋者之间交换行棋顺序,用全局变量 flag 标识。如果当前是 Player1 行棋,则转换后变为 Player2 行棋,反之亦然。

(4)JudgePlayer()。

函数原型:JudgePlayer(int x, int y)。

JudgePlayer()函数主要是根据不同的行棋方来画不同颜色的圆圈,对行棋方的确定根据全局变量 flag 来判断。该函数是通过调用函数 DrawCircle()来实现的。

(5)Done()。

函数原型:void Done()。

Done()函数是本程序的核心函数,主要用于实现下棋操作。该函数首先获取下棋者从键盘上按下的键值(LEFT、RIGHT、UP、DOWN、SPACE 或 ESC),根据获取的键值做相应的操作。对于每一种操作,都要首先判断行棋者棋子的落子范围是否正确,即落子是否在棋盘内,对于不在棋盘内的落子不予处理;对于落子在棋盘内的操作,则根据数组 status[i][j]((i,j)表示当前位置的坐标)中保存的当前位置的状态来进行。如果状态值为 0,则可以按照行棋者的要求移动棋子,并在棋子移动后把(i, j)位置的状态值改为 flag(1 表示 Player1,2 表示 Player2);如果获取的键值为 ESC,则退出程序。

(6) ResultCheck()。

函数原型:int ResultCheck(int x, int y)。

ResultCheck()函数用于判断当前行棋者是否获胜,其中 x、y 表示当前行棋者最后的落子坐标。该函数以(x,y)坐标为基准,判断 4 个方向上(水平、竖直、从左上角到右下角、从右上角到左下角)是否有 5 个连续相同的棋子(即颜色相同的圆圈),只要出现任何一个方向上有满足条件的棋子,则当前行棋方获胜。

(7)WelcomeInfo()。

函数原型:WelcomeInfo()。

WelcomeInfo()函数用于输出屏幕欢迎信息和一些提示信息,如按键操作等。

(8)ShowMessage()。

函数原型:void ShowMessage()。

ShowMessage()函数用于显示当前行棋方,表示轮到哪方行棋。

1.2.4　程序实现

1. 主函数

main()函数主要实现对整个程序的运行控制和对相关功能模块的调用。main()函数首先初始化图形系统,然后初始化键盘,再调用相关模块进行下棋操作,直到按 Esc 键或者有一方赢棋才退出程序。主函数与被调用函数的关系如表 1-2-1 所示。

表 1-2-1　main()函数与被调函数关系表

主调函数	被调函数	
	函数名	功能
main()	WelcomeInfo()	显示欢迎信息
	DrawBoard()	画棋盘
	ShowMessage()	提示由哪方行棋
	Done()	执行下棋操作

```
int main()
{
    int gdriver;
    int gmode;
    int errorcode;
    clrscr();/*清空文本模式窗口*/
    WelcomeInfo();/*显示欢迎信息*/
    gdriver=DETECT;
    gmode=0;
    /*初始化图形系统*/
    initgraph(&gdriver,&gmode,"");
    /*返回最后一次不成功的图形操作的错误代码*/
    errorcode=graphresult();
    if (errorcode! = grOk)
```

```
    {
        /* 根据错误代码输出错误信息串 */
        printf("\nError: %s\n",grapherrormsg(errorcode));
        printf("Press any key to quit!");
        getch();
        exit(1);
    }
    /* 设置 flag 初始值,默认是 Player1 先行 */
    flag=1;
    /* 画棋盘 */
    DrawBoard();
    ShowMessage();
    do
    {
        step_x=0 ;
        step_y=0 ;
        JudgePlayer(step_x-1,step_y-1);
        do
        {
            /* 如果没有键按下,则 bioskey(1)函数将返回 0 */
            while(bioskey(1)==0);
            /* 获取从键盘按下的键值 */
            key=bioskey(0);
            /* 根据获得的键值进行下棋操作 */
            Done();
        }while(key!=SPACE&&key!=ESC);
    }while(key!=ESC);
    /* 关闭图形系统 */
    closegraph();
    return 0;
}
```

2. 显示欢迎信息

用户进入程序后,首先看到的界面显示欢迎信息和按键提示操作,该模块由 void WelcomeInfo()函数来实现,运行界面如图 1-2-5 所示。

```
void WelcomeInfo()
{
    char ch ;
    gotoxy(12,4);    /* 移动光标到指定位置 */
    /* 显示欢迎信息 */
    printf("Welcome you to gobang world!");
    gotoxy(12,6);
    printf("1.You can use the up,down,left and right key to move the chessman,");
```

```
    gotoxy(12,8);
    printf("  and you can press Space key to enter after you move it !");
    gotoxy(12,10);
    printf("2.You can use Esc key to exit the game too !");
    gotoxy(12,12);
    printf("3.Don not move the pieces out of the chessboard !");
    gotoxy(12,14);
    printf("DO you want to continue ? (Y/N)");
    ch=getchar();
    /*判断程序是否要继续进行*/
    if(ch=='n'||ch=='N')
    /*如果不继续进行,则退出程序*/
    exit(0);
}
```

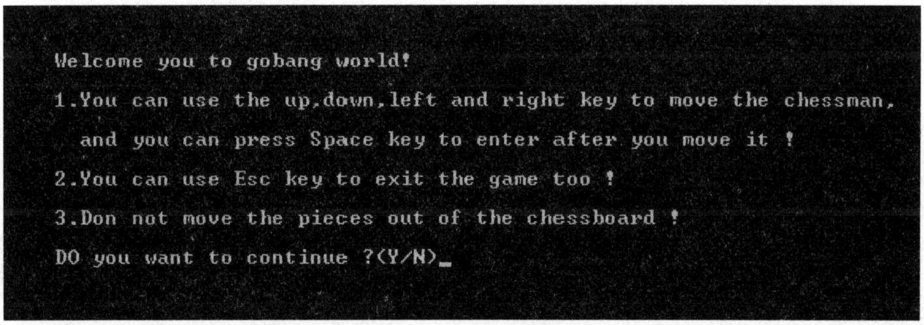

```
Welcome you to gobang world!
1.You can use the up,down,left and right key to move the chessman,
  and you can press Space key to enter after you move it !
2.You can use Esc key to exit the game too !
3.Don not move the pieces out of the chessboard !
DO you want to continue ?(Y/N)_
```

图 1-2-5　显示欢迎信息

3. 下棋操作模块

下棋操作模块仅有 Done()函数,由 Done()函数调用在功能模块中定义的 DrawCircle()函数、JudgePlayer()函数、Alternation()函数、ResultCheck()函数以及部分系统函数来实现下棋操作。Done()函数与被调用函数的关系如表 1-2-2 所示。

表 1-2-2　Done()函数与被调函数关系表

主调函数	被调函数	
	函数名	功能
Done()	DrawCircle()	画圆圈函数,即画棋子
	JudgePlayer()	为不同的行棋方画不同颜色的棋子
	ResultCheck()	判断当前行棋方是否获胜
	Alternation()	交换行棋方
	ShowMessage()	提示由哪方行棋

```
void Done()
{
    int i ;
```

```
int j ;
/ * 根据不同的 key 值进行不同的操作 * /
switch(key)
{
    / * 如果向左移动 * /
    case LEFT:
    / * 如果下一步超出棋盘左边界,则什么也不做 * /
    if(step_x-1<0)
        break ;
    else
    {
        for(i=step_x-1,j=step_y;i>=1;i--)
            if(status[i][j]==0)
            {
                DrawCircle(step_x,step_y,2);
                break ;
            }
            if(i<1)
            break ;
        step_x=i ;
        JudgePlayer(step_x,step_y);
        break ;
    }
    / * 如果是向右移动的 * /
        ……      / * 与向左移动类似 * /
    / * 如果是向下移动的 * /
    case DOWN :
        ……      / * 与左右移动类似,只不过是判断 y 轴方向 * /
    / * 如果是向上移动的 * /
        ……      / * 与向下移动类似 * /
    / * 如果是退出键 * /
    case ESC :
        break ;
    / * 如果是确定键 * /
    case SPACE:
        / * 如果操作是在棋盘之内 * /
        if(step_x>=1&&step_x<=18&&step_y>=1&&step_y<=18)
        {
            / * 按下确定键后,如果棋子当前位置的状态为 0 * /
            if(status[step_x][step_y]==0)
            {
                / * 则更改棋子当前位置的状态在 flag,表示是哪个行棋者行的棋 * /
                status[step_x][step_y]=flag ;
```

```
                /*如果判断当前行棋者获胜*/
                if(ResultCheck(step_x,step_y)==1)
                {
                    gotoxy(30,4);
                    setbkcolor(BLUE);
                    /*清除图形屏幕*/
                    cleardevice();
                    /*为图形输出设置当前视口*/
                    setviewport(100,100,540,380,1);
                    /*绿色实填充*/
                    setfillstyle(1,2);
                    setcolor(YELLOW);
                    rectangle(0,0,439,279);
                    floodfill(50,50,14);
                    setcolor(12);
                    settextstyle(1,0,5);
                    outtextxy(20,20,"Congratulation !");
                    setcolor(15);
                    settextstyle(3,0,4);
                    /*如果是 Player1 获胜,则显示获胜信息*/
                        if(flag==1)
                        {
                            outtextxy(20,120,"Player1 win the game !");
                        }
                        /*如果是 Player2 获胜,则显示获胜信息*/
                        if(flag==2)
                        {
                            outtextxy(20,120,"Player2 win the game !");
                        }
                        setcolor(14);
                        settextstyle(2,0,8);
                        getch();
                        exit(0);
                    }
                /*如果当前行棋者没有获胜,则交换行棋方*/
                Alternation();
                /*提示行棋方是谁*/
                ShowMessage();
                break;
            }
        }
    else
        break ;
```

```
    }
}
```

下棋过程如图 1-2-6 所示。

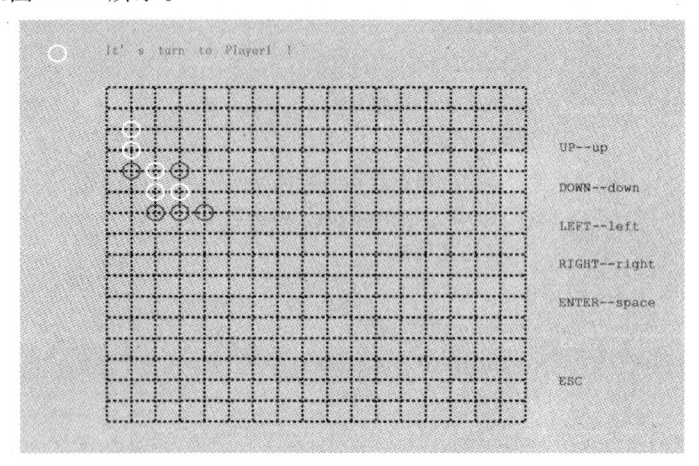

图 1-2-6 下棋过程操作示例

在本模块中有以下几个重要操作：

(1)交换行棋方，用函数 Alternation()实现。

用标志量 flag 表示，flag=1 表示 Player1 行棋，flag=2 表示 Player2 行棋。

(2)为不同的行棋方落不同颜色的棋子，用函数 JudgePlayer()实现。

flag=1 表示在棋盘上画白色的圆圈，flag=2 表示在棋盘上画红色的圆圈。

(3)判断当前行棋方是否获胜，用函数 ResultCheck()实现。

从当前落子方向的 4 个方向进行判断，分别是水平方向、竖直方向以及两条对角线方向，如图 1-2-7 所示。

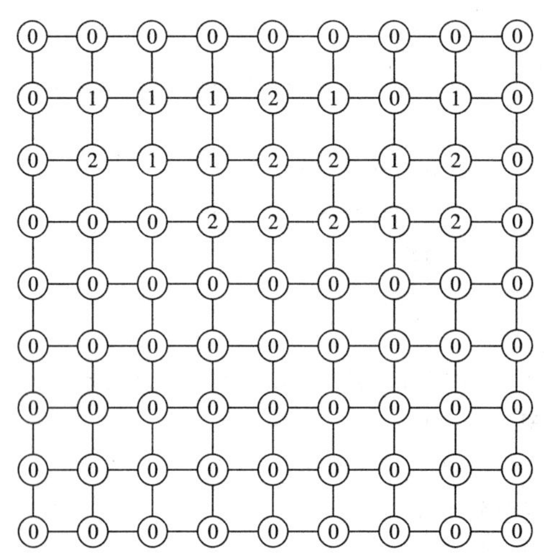

图 1-2-7 棋盘数据举例

以水平方向为例，介绍如何判断当前行棋方是否获胜，假设当前行棋方为 Player1。

从当前位置向右侧开始计数，若连续的 status[j][k]=1，则执行 n1++；然后从当前位置向左侧开始计数，若连续的 status[j][k]＝1，则执行 n2＋＋；如果 n1＋n2－1＞＝5，则当前行棋方 Player1 获胜。

```
/*对水平方向进行判断是否有 5 个同色的圆*/
n1=0;
n2=0;
/*水平向左数*/
for(j=x,k=y;j>=1;j--)
{
    if(status[j][k]==flag)
        n1++;
    else
        break;
}
/*水平向右数*/
for(j=x,k=y;j<=18;j++)
{
    if(status[j][k]==flag)
        n2++;
    else
        break;
}
if(n1+n2-1>=5)
{
    return(1);
}
```

1.2.5　小结

本节讲述了五子棋游戏的实现原理，对程序的模块设计、数据结构设计进行了分析，并通过源码分析了各个模块的实现方法。在各个模块的实现过程中，使用了大量的图形系统函数。读者通过本节的学习，可以熟悉图形系统的初始化和关闭、直线和文本的输出以及各种函数的使用。

1.3　学生成绩管理系统

1.3.1　设计目的

学生成绩管理系统利用计算机对学生成绩进行统一管理，实现学生成绩信息管理工作流程的系统化、规范化和自动化，从而提高了工作效率。

该项目是一个 C 语言知识的综合应用，通过本节的学习，读者可以了解数据库管理的基本功能，掌握 C 语言中的结构体、指针、函数（系统函数、自定义函数）、文件操作等知识，为进一步开发高质量的信息管理系统打下坚实的基础。

程序设计一般由两部分组成:算法和数据结构,合理地选择和实现一个数据结构与处理这些数据结构同样重要。学生成绩管理系统采用单链表结构管理学生成绩,不用事先估计学生人数,方便随时插入和删除学生记录,且不必移动数据,可以实现动态管理。

1.3.2 功能需求

学生成绩管理系统提供了一个简单的人机界面,使用户可以根据提示输入操作项,调用系统提供的管理功能。系统由 5 个功能模块组成,主要功能包括对学生的学号、姓名等自然信息以及各项学科成绩进行增加、删除、修改、查询及保存到文件等,具体如图 1-3-1 所示。

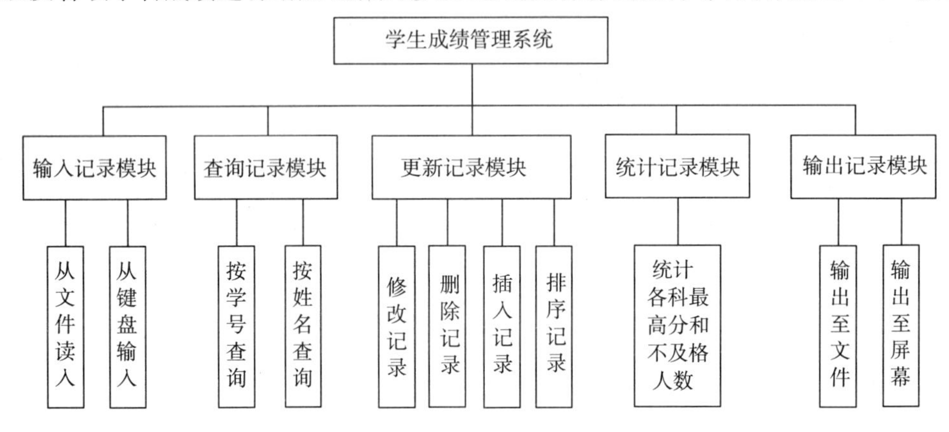

图 1-3-1 学生成绩管理系统功能模块图

1. 输入记录模块

输入记录模块主要完成将数据存入单链表。记录可以以二进制形式存储的数据文件形式读取;用户也可以根据提示从键盘逐个输入学生的学号、姓名、各科成绩等数据,允许一次输入多条学生的成绩信息记录。输入的记录保存在单链表中,等待下一步操作。

2. 查询记录模块

查询记录模块主要完成在单链表中查找满足指定条件的学生记录功能。用户可以根据学生的学号或姓名在单链表中对学生所有信息进行查询。若找到该学生的记录,则返回指向记录的指针;否则,返回一个值为 NULL 的空指针,并打印出未找到该学生记录的提示信息。

3. 更新记录模块

更新记录模块主要完成对学生记录进行维护。系统首先提示用户输入要进行更新操作的学号,如果单链表中存在该学生信息,则可以对该学生信息进行修改、删除等操作。插入操作需要用户提示插入到哪个位置。排序操作是指按照成绩降序排列。一般而言,系统进行以上操作后,需要将修改的数据存入源数据文件。

4. 统计记录模块

统计记录模块主要对各门功课最高分和不及格人数进行统计。

5. 输出记录模块

输出记录模块主要有两个任务:第一,实现对学生记录的存盘操作,即将单链表中各节点存储的学生记录信息写入数据文件中;第二,实现将单链表中存储的学生记录信息以表格形式在屏幕上打印输出。

1.3.3　算法设计

1. 主函数模块设计

(1)main()函数执行流程。主函数是程序的入口,采用模块化设计,主函数不宜复杂,功能尽量在各模块中实现,具体主函数流程如图 1-3-2 所示。首先以可读写的方式打开数据文件,此文件默认路径为 D:\student,若该文件不存在,则新建此文件。当打开文件操作成功后,则从文件中一次读出一条记录,写入新建的单链表中,然后执行显示主菜单和进入主循环操作,进行按键判断。

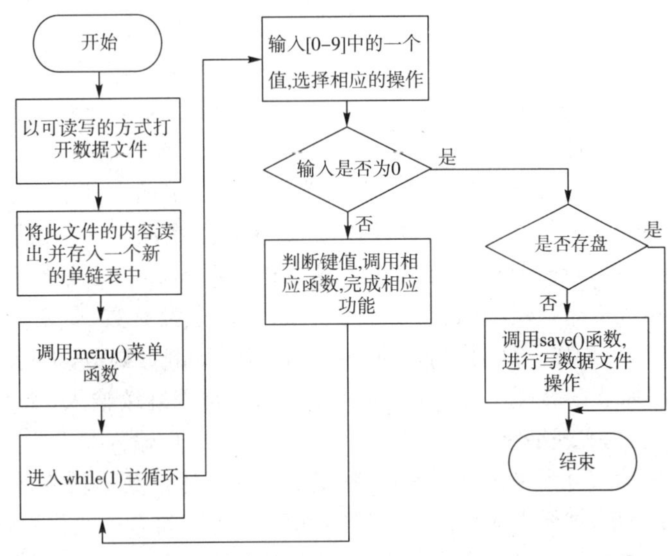

图 1-3-2　main()函数执行流程图

为了更好地调用功能选项,可制作一个菜单,在窗口中显示主菜单,如图 1-3-3 所示。

```
The student Grade management system

    ---------menu----------
      1 Add     record
      2 Delete  record
      3 Search  record
      4 Modify  record
      5 Insert  record
      6 Count   record
      7 sort    record
      8 save    record
      9 display record
      10 save   system
    -----------------------

    Please Enter your choice(0~9):
```

图 1-3-3　学生成绩管理系统主界面

判断键值时,有效输入 0～9 之间的任意数值,其他输入都被视为错误按键。

若选择 0(即变量 select＝0),将继续判断在对记录更新操作后是否执行了存盘操作,若未存盘,则全局变量 saveflag=1,系统提示用户是否需要执行数据存盘操作,如用户输入 Y 或 y,系统执行存盘操作,之后系统退出成绩管理系统。

若选择 1,则调用 Add()函数,执行增加学生记录操作。

若选择 2,则调用 Del()函数,执行删除学生记录操作。

若选择 3,则调用 Qur()函数,执行查询学生记录操作。此时进入查询子菜单,查询子菜单允许用户输入 1 或 2 来选择查询方式,其中 1 是按学号查询,2 是按姓名查询。

若选择 4,则调用 Modify()函数,执行修改学生记录操作。

若选择 5,则调用 Insert()函数,执行插入学生记录操作。

若选择 6,则调用 Tongji()函数,执行统计学生记录操作。

若选择 7,则调用 Sort()函数,执行按降序进行学生记录排序操作。

若选择 8,则调用 Save()函数,执行将学生记录存入磁盘数据文件操作。

若选择 9,则调用 Disp()函数,执行将学生记录以表格形式打印输出至屏幕操作。

若输入为 0~9 之外的值,则调用 Wrong()函数,给出按键错误提示。

(2)输入记录模块。输入记录模块主要完成将数据存入单链表。当从数据文件读出记录时,它调用 fread(p,sizeof(Node),1,fp)文件读取函数,执行一次从文件中读取一条学生成绩记录信息存入指针变量 p 所指向节点的操作,并且这个操作在 main()函数执行,即当学生成绩管理系统进入显示菜单界面时,该操作已经执行。若该文件中没有数据,系统会提示单链表为空,没有任何学生记录可操作。此时,用户应选择 1,调用 Add(1)函数,进行学生记录的输入,即完成在单链表 l 添加节点操作。输入完成后,提示用户是否继续输入,如果用户输入"Y"或"y",则再次调用该函数,实现继续输入学生信息操作;如果用户输入"N"或"n",则返回主菜单界面。字符串和数值输入分别采用函数实现,在函数中完成输入数据任务,并对数据进行条件判断,直到满足条件为止,这样大大减少了代码的重复和冗余,符合模块化程序设计的特点。

(3)查询记录模块。查询记录模块主要实现在单链表中按学号或按姓名查找满足相关条件的学生记录功能。在主菜单选择 3,调用 Qur()函数进入查询子菜单界面。用户输入 1 按学号查询,在单链表中逐个查找,如果找到该学号,则按照指定格式显示查询到的学生信息;如果没有找到,则给出提示信息。输入 2 按姓名查询,查询过程与按学号查询类似。在查询函数 Qur(l)中,l 为指向保存学生成绩信息的单链表首地址的指针变量。遵循模块化编码原则,将单链表中进行的指针定位操作设计成一个单独的函数 Node * Locate(Link l, char findmess[], char nameornum[]),参数 findmess[]保存要查找的具体内容,nameornum[]保存要查找的字段(值为字符串类型的 num 或者 name),若找到该记录,则返回指向该节点的指针,否则返回一个空指针。

(4)更新记录模块。更新记录模块包括修改记录、删除记录、插入记录和排序记录等子功能模块。因为学生记录是以单链表结构形式存储的,所以以上子功能模块对应的操作都在单链表中完成。

①修改记录。修改记录操作需要对单链表中目标节点数据域中的值进行修改,它分两步完成:第一步,输入要修改的学号,输入后调用定位函数 Locate()在单链表中逐个对节点数据域中的学号字段的值进行比较,直到找到该学号对应的学生记录;第二步,若找到该学生记录,则修改除学号之外的各字段的值,并将存盘标记变量 saveflag 置 1,表示已经对记录进行了修改,但还未执行存盘操作。

②删除记录。在主菜单中调用 Del()函数，删除学生信息。删除记录操作完成删除指定学号或姓名的学生记录功能，它也分两步完成：第一步，输入要修改的学号或姓名，输入后调用定位函数 Locate()在单链表中逐个对节点数据域中的学号或姓名字段的值进行比较，直到找到该学号或姓名的学生记录，返回指向该学生记录的节点指针；第二步，若找到该学生记录，则将该学生记录所在节点的前驱节点的指针域指向目标节点的后继节点。

③插入记录。插入记录操作完成在指定学号的随后位置插入新的学生记录。首先，要求用户输入某个学生的学号，新的记录将插入在该学生记录之后；然后，提示用户输入一条新的学生记录信息，这些信息保存在新节点的数据域中；最后，将该节点插入到指定学号之后。具体插入执行过程如图 1-3-4 所示，图中 q 为指定学号所在节点的指针变量，p 为 q 所指节点的后继节点的指针变量，其中 q－>next＝p，指针变量 i 指向新记录所在的节点，依次执行的操作为：i－>next＝q－>next; q－>next＝i。

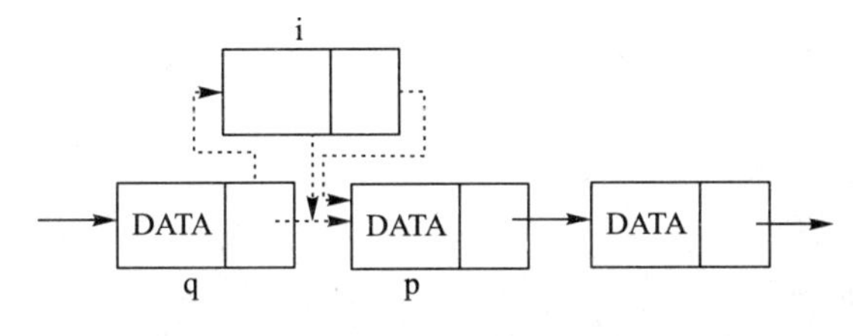

图 1-3-4　插入学生记录节点示意图

④排序记录。排序的算法有很多，如冒泡排序、插入排序等。针对单链表结构的特点，采用插入排序算法实现按总分从高到低对学生记录进行排序，排序完成后，即可按顺序给名次字段赋值。

单链表中实现插入排序的基本步骤如下：

第一步，新建一个单链表 l，用来保存排序结果，其初始值为待排序单链表中的头节点。

第二步，从待排序链表中取出下一个节点，将其总分字段值与单链表 l 各节点中总分字段值进行比较，直到在单链表 l 中找到总分小于它的节点。若找到此节点，则系统将待排序链表中取出的节点插入到此节点前，作为其前驱；否则，将取出的节点放在单链表 l 的尾部。

第三步，重复第二步，直到从待排序链表中取出的节点指针域为 NULL，即此节点为链表尾部节点，排序完成。

(5)统计记录模块。统计记录模块的实现比较简单，它采用循环读取指针变量 p 所指当前节点数据域中各字段的值，并对各个成绩字段进行逐个判断的方法，完成单科最高分学生的查找和各科不及格人数的统计。

(6)输出记录模块。当把记录输出至文件时，调用 fwrite(p, sizeof(Node), 1, fp)函数，将 p 指针所指节点各字段值写入文件指针 fp 所指的文件。当把记录输出至屏幕时，调用 void Disp(Link l)函数，将单链表 l 中存储的学生记录信息以表格形式在屏幕上打印出来。

2. 数据结构设计

一个学生作为一个节点，节点类型为结构体，结构体中的域表示学生的属性。相关结构体定义如下：

(1)学生成绩信息结构体。

```
typedef struct student          /*标记为 student*/
```

```
{
    char num[10];              /* 学号 */
    char name[15];             /* 姓名 */
    int cgrade;                /* C语言成绩 */
    int mgrade;                /* 数学成绩 */
    int egrade;                /* 英语成绩 */
    int total;                 /* 总分 */
    float ave;                 /* 平均分 */
    int mingci;                /* 名次 */
};
```

结构 student 用于存储学生的基本信息，它作为单链表的数据域。为了简化程序，只取三门成绩。其中各字段的含义如下：

num[10]：保存学号。

name[15]：保存姓名。

cgrade：保存 C 语言成绩。

mgrade：保存数学成绩。

egrade：保存英语成绩。

total：保存总分。

ave：保存平均分。

mingci：保存名次。

(2)单链表 node 结构体。

```
typedef struct node
{
    struct student data;     /* 数据域 */
    struct node * next;      /* 指针域 */
}Node, * Link;               /* Node 为 node 类型的结构变量，* Link 为 node 类型的指针变量 */
```

以上定义了一个单链表结构，结构标记为 node，data 为 student 结构类型的数据，作为单链表结构的数据域，next 为单链表的指针域，用来存储其直接后继节点的地址。Node 为 node 类型的结构变量，* Link 为 node 类型的指针变量。

3. 函数功能描述

(1)printheader()。

函数原型：void printheader()。

void printheader()函数用于在以表格形式显示学生记录时，打印输出表头信息。

(2)printdata()。

函数原型：void printdata(Node * pp)。

printdata()函数用于在以表格形式显示学生记录时，打印输出单链表中的学生信息。

(3)stringinput()。

函数原型：void stringinput(char * t, int lens, char * notice)。

stringinput()函数用于输入字符串，并进行字符串长度验证(长度<lens)；t 用于保存输入的字符串，函数参数以指针形式传递，t 相当于该函数的返回值；notice 用于保存 printf()

函数输出的提示信息。

(4)numberinput()。

函数原型:int numberinput(char *notice)。

numberinput()函数用于输入数值型数据,notice 用于保存 printf()函数输出的提示信息,该函数返回用户输入的整型数据。

(5)Disp()。

函数原型:void Disp(Link l)。

Disp()函数用于显示单链表 l 中存储的学生记录,内容为 student 结构中定义的内容。

(6)Locate()。

函数原型:Node * Locate(Link l, char findmess[], char nameornum[])。

Locate()函数用于定位链表中符合要求的节点,并返回指向该节点的指针。参数 findmess[]保存要查找的具体内容,nameornum[]保存在单链表 l 中需要查找的字段名。

(7)Add()。

函数原型:Void Add(Link l)。

Add()函数用于在单链表 l 中增加学生记录的节点。

(8)Qur()。

函数原型:void Qur(Link l)。

Qur()函数用于在单链表 l 中按学号或姓名查找满足条件的学生记录,并显示出来。

(9)Del()。

函数原型:void Del(Link l)。

Del()函数用于先在单链表 l 中找到满足条件的学生记录的节点,然后删除该节点。

(10)Modify()。

函数原型:void Modify(Link l)。

Modify()函数用于在单链表 l 中修改学生记录。

(11)Insert()。

函数原型:void Insert(Link l)。

Insert()函数用于在单链表 l 中插入学生记录。

(12)Tongji()。

函数原型:void Tongji(Link l)。

Tongji()函数用于在单链表 l 中完成学生记录的统计工作,统计总分第一名、单科第一名和各科不及格人数。

(13)Sort()。

函数原型:void Sort(Link l)。

Sort()函数用于在单链表 l 中完成利用插入排序等算法实现单链表的按总分字段降序排序。

(14)Save()。

函数原型:void Save(Link l)。

Save()函数用于将单链表 l 中数据写入磁盘数据文件中。

(15)主函数 main()。

整个学生成绩管理系统控制部分。

1.3.4 程序实现

1. 主函数 main()

main()函数主要实现对整个程序的运行控制及相关功能模块的调用。主函数与被调用函数关系如表 1-3-1 所示。

表 1-3-1 main()函数与被调函数关系表

主调函数	被调函数	
main()	函数名	功能
	menu()	显示主菜单
	Add()	增加学生记录
	Del()	删除学生记录
	Qur()	按学号或姓名查询学生记录
	Modify()	修改学生记录(学号不能修改)
	Insert()	插入学生记录,按学号查询要插入的节点位置,然后在该节点之前插入
	Tongji()	统计总分第一名、单科第一名和各科不及格人数
	Sort()	利用插入排序法按总分字段降序排序
	Save()	数据存盘,若对数据有修改,则退出系统时出现提示信息
	Disp()	输出学生记录
	Wrong()	输出按键错误信息

```
void main()
{
    Link l;                /* 定义链表 */
    FILE *fp;              /* 文件指针 */
    int select;            /* 保存选择结果变量 */
    char ch;               /* 保存(y,Y,n,N) */
    int count=0;           /* 保存文件中的记录条数(或节点个数) */
    Node *p,*r;            /* 定义记录指针变量 */
    l=(Node*)malloc(sizeof(Node));
    if(!l)
    {
        printf("\n allocate memory failure");
        return ;
    }
    l->next=NULL;
    r=l;
    fp=fopen("C:\\student","ab+");
    if(fp==NULL)
```

```
{
    printf("\n=====>can not open file! \n");
    exit(0);
}
while(!feof(fp))
{
    p=(Node *)malloc(sizeof(Node));
     if(!p)
    {
        printf(" memory malloc failure! \n");
        exit(0);
    }
    if(fread(p,sizeof(Node),1,fp)==1)   /*一次从文件中读取一条学生成绩记录*/
    {
        p->next=NULL;
        r->next=p;
        r=p;                             /*r指针向后移一个位置*/
        count++;
    }
}
fclose(fp);
printf("\n=====>open file success,the total records number is : %d.\n",count);
menu();
while(1)
{
    system("cls");
    menu();
    p=r;
    printf("\n  Please Enter your choice(0~9):");   /*显示提示信息*/
    scanf("%d",&select);
    if(select==0)
    {
        if(saveflag==1)
        {
            getchar();
            printf("\n=====>Whether save the modified record to file? (y/n):");
            scanf("%c",&ch);
            if(ch=='y'||ch=='Y')
            Save(1);
        }
        printf("=====>thank you for useness!");
        getchar();
        break;
```

```
        }
        switch(select)
        {
            case 1:Add(l);break;                    /* 增加学生记录 */
            case 2:Del(l);break;                    /* 删除学生记录 */
            case 3:Qur(l);break;                    /* 查询学生记录 */
            case 4:Modify(l);break;                 /* 修改学生记录 */
            case 5:Insert(l);break;                 /* 插入学生记录 */
            case 6:Tongji(l);break;                 /* 统计学生记录 */
            case 7:Sort(l);break;                   /* 排序学生记录 */
            case 8:Save(l);break;                   /* 保存学生记录 */
            case 9:system("cls");Disp(l);break;     /* 显示学生记录 */
            default: Wrong();getchar();break;       /* 按键有误,必须为数值0~9 */
        }
    }
}
```

2. 增加学生记录

进入学生成绩管理系统时,若数据文件为空,则将从单链表头部开始增加学生记录节点;否则,将学生记录节点添加在单链表的尾部。增加学生记录函数 Add()与被调函数关系如表 1-3-2 所示。

表 1-3-2　Add()与被调函数关系表

主调函数	被调函数	
	函数名	功能
Add()	Disp()	输出学生记录
	stringinput()	输入字符串
	numinput()	输入分数

```
void Add(Link l)
{
    Node *p,*r,*s;   /* 实现添加操作的临时的结构体指针变量 */
    char ch,flag=0,num[10];
    r=l;
    s=l->next;
    system("cls");
    Disp(l);              /* 打印出已有的学生信息 */
    while(r->next!=NULL)
    r=r->next;            /* 将指针移至链表最末尾,准备添加记录 */
    while(1)              /* 一次可输入多条记录,直至输入学号为0的记录节点添加操作 */
    {
        while(1)
        {
            stringinput(num,10,"input number(press '0'return menu):");
```

```
        /*格式化输入学号并检验*/
        flag=0;
        if(strcmp(num,"0")==0) /*输入为0,则退出添加操作,返回主界面*/
        {
            return;
        }
        s=l->next;
        while(s)
        {
            if(strcmp(s->data.num,num)==0)
            {
                flag=1;
                break;
            }
            s=s->next;
        }
        if(flag==1) /*提示用户是否重新输入*/
        {
            getchar();
            printf("=====>The number %s is not existing,try again? (y/n):",num);
            scanf("%c",&ch);
            if(ch=='y'||ch=='Y')
                continue;
            else
                return;
        }
        else
        {
            break;
        }
    }
    p=(Node *)malloc(sizeof(Node));
    if(!p)
    {
        printf("\n allocate memory failure ");
        return ;
    }
    strcpy(p->data.num,num);/*将字符串num拷贝到p->data.num中*/
    stringinput(p->data.name,15,"Name:");
    p->data.cgrade=numberinput("C language Score[0-100]:"); /*输入并检验分数*/
    p->data.mgrade=numberinput("Math Score[0-100]:");
    p->data.egrade=numberinput("English Score[0-100]:");
    p->data.total=p->data.egrade+p->data.cgrade+p->data.mgrade; /*计算总分*/
```

```
            p->data.ave=(float)(p->data.total/3);   /* 计算平均分 */
            p->data.mingci=0;
            p->next=NULL;
            r->next=p;
            r=p;
            saveflag=1;
        }
        return ;
    }
```

输入记录过程如图 1-3-5 所示。当用户输入学号为 0 时，结束输入过程，返回主菜单界面。

```
=====>Not student record!

input number(press '0'return menu):2015001
Name:zhangxiaoli
C language Score[0-100]:80
Math Score[0-100]:85
English Score[0-100]:90
input number(press '0'return menu):2015002
Name:liqiang
C language Score[0-100]:70
Math Score[0-100]:76
English Score[0-100]:80
input number(press '0'return menu):0_
```

图 1-3-5 增加学生记录运行结果

3. 删除学生记录

删除操作中，系统会按用户要求先找到该学生记录的节点，然后从单链表中删除该节点。当用户输入 2 并按 Enter 键后，即可进入记录删除界面。系统提供了两种删除方式，即按照学号删除和按照姓名删除。删除学生记录函数 Del()与被调函数关系如表 1-3-3 所示。

表 1-3-3 Del()函数与被调函数关系表

主调函数	被调函数	
Del()	函数名	功能
	Disp()	输出学生记录
	Locate()	定位链表中符合要求的节点，并返回该节点的指针
	Wrong()	给出按键错误信息
	Nofind()	输出未查找到此学生信息
	Numinput()	输入分数

```
void Del(Link l)
{
    int sel;
    Node *p, *r;
    char findmess[20];
    if(!l->next)
```

```
{
    system("cls");
    printf("\n=====>No student record! \n");
    getchar();
    return;
}
system("cls");
Disp(l);
printf("\n          =====>1 Delete by number          =====>2 Delete by name\n");
printf("please choice[1,2]:");
scanf("%d",&sel);
if(sel==1)
{
    stringinput(findmess,10,"input the existing student number:");
    p=Locate(l,findmess,"num");
    if(p)                            /* p! =NULL */
    {
        r=l;
        while(r->next! =p)
        r=r->next;
        r->next=p->next;         /*将p所指节点从链表中去除*/
        free(p);
        printf("\n=====>delete success! \n");
        getchar();
        saveflag=1;
    }
    else
        Nofind();
    getchar();
}
else if(sel==2)                      /*先按姓名查询到该记录所在的节点*/
{
    stringinput(findmess,15,"input the existing student name");
    p=Locate(l,findmess,"name");
    if(p)
    {
        r=l;
        while(r->next! =p)
        r=r->next;
        r->next=p->next;
        free(p);
        printf("\n=====>delete success! \n");
        getchar();
```

```
            saveflag=1;
        }
        else
            Nofind();
        getchar();
    }
    else
        Wrong();
    getchar();
}
```

4. 查询学生记录

用户执行查询任务时，系统会提示用户进行查询字段的选择，即按学号或姓名进行查询。若此学生记录存在，则会打印输出学生记录的信息。查询学生记录函数 Qur()与被调函数关系如表 1-3-4 所示。

表 1-3-4 Qur()与被调函数的关系表

主调函数	被调函数	
Qur()	函数名	功能
	Stringinput()	输入字符串
	Locate()	定位链表中符合要求的节点，并返回该节点的指针
	Printheader()	格式化输出表头
	Printdata()	格式化输出表中数据
	Nofind()	输出未查找到此学生信息
	Wrong()	给出按键错误信息

```
void Qur(Link l)                    /*按学号或姓名查询学生记录*/
{
    int select;                     /*1:按学号查,2:按姓名查,其他:返回主界面(菜单)*/
    char searchinput[20];           /*保存用户输入的查询内容*/
    Node *p;
    if(!l->next)                    /*若链表为空*/
    {
        system("cls");
        printf("\n=====>No student record! \n");
        getchar();
        return;
    }
    system("cls");
    printf("\n     =====>1 Search by number   =====>2 Search by name\n");
    printf("      please choice[1,2]:");
    scanf("%d",&select);
    if(select==1)                   /*按学号查询*/
```

```
    {
        stringinput(searchinput,10,"input the existing student number:");
        p=Locate(l,searchinput,"num");  /* 在 l 中查找学号为 searchinput 值的节点 */
        if(p)                            /* 若 p! =NULL */
        {
            printheader();
            printdata(p);
            printf(END);
            printf("press any key to return");
            getchar();
        }
        else
            Nofind();
        getchar();
    }
    else if(select==2)                   /* 按姓名查询 */
    {
        stringinput(searchinput,15,"input the existing student name:");
        p=Locate(l,searchinput,"name");
        if(p)
        {
            printheader();
            printdata(p);
            printf(END);
            printf("press any key to return");
            getchar();
        }
        else
            Nofind();
        getchar();
    }
    else
        Wrong();
    getchar();
}
```

5. 修改学生记录

在修改学生记录的操作中，系统按输入的学号查询到该记录，然后提示用户修改除学号之外的属性值，学号不能修改。修改学生记录函数 Modify()与被调函数关系如表 1-3-5 所示。

表 1-3-5 **Modify()函数与被调函数关系表**

主调函数	被调函数	
	函数名	功能
Modify()	Disp()	输出学生记录
	Stringinput()	输入字符串
	Numberinput()	输入分数
	Locate()	定位链表中符合要求的节点,并返回该节点的指针
	Nofind()	输出未查找到该学生信息

```
void Modify(Link l)
{
    Node *p;
    char findmess[20];
    if(!l->next)
    {
        system("cls");
        printf("\n=====>No student record! \n");
        getchar();
        return;
    }
    system("cls");
    printf("modify student recorder");
    Disp(l);
    stringinput(findmess,10,"input the existing student number:"); /*输入并检验该学号*/
    p=Locate(l,findmess,"num");   /*查询到该节点*/
    if(p)                         /*若p!=NULL,表明已经找到该节点*/
    {
        printf("Number:%s,\n",p->data.num);
        printf("Name:%s,",p->data.name);
        stringinput(p->data.name,15,"input new name:");
        printf("C language score:%d,",p->data.cgrade);
        p->data.cgrade=numberinput("C language Score[0-100]:");
        printf("Math score:%d,",p->data.mgrade);
        p->data.mgrade=numberinput("Math Score[0-100]:");
        printf("English score:%d,",p->data.egrade);
        p->data.egrade=numberinput("English Score[0-100]:");
        p->data.total=p->data.egrade+p->data.cgrade+p->data.mgrade;
        p->data.ave=(float)(p->data.total/3);
        p->data.mingci=0;
```

```
        printf("\n=====>modify success! \n");
        Disp(l);
        saveflag=1;
    }
    else
        Nofind();
    getchar();
}
```

当用户输入 4 并按 Enter 键后，即可进入记录修改界面。其修改记录过程如图 1-3-6 所示，将学号为 2015001 的记录的数学成绩改成 87 分。

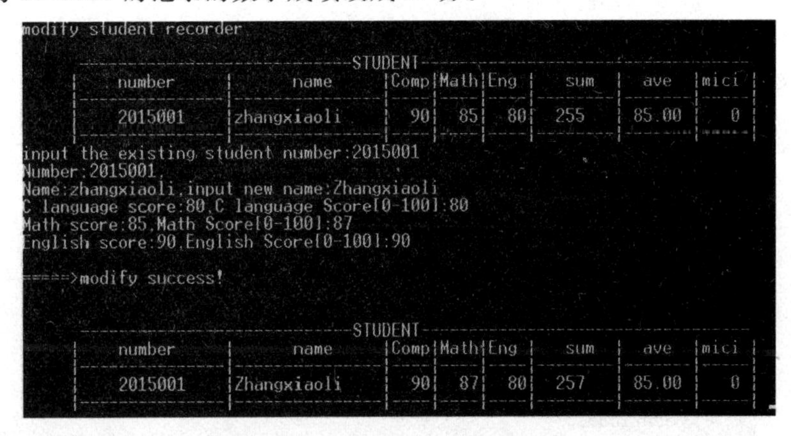

图 1-3-6　修改学生记录运行结果

6. 插入学生记录

在插入学生记录操作中，系统会按学号查询到要插入节点的位置，然后在该学号后插入一个新节点。插入学生记录函数 Insert()与被调函数关系如表 1-3-6 所示。

表 1-3-6　Insert()函数与被调函数关系表

主调函数	被调函数	
	函数名	功能
Insert()	Disp()	输出学生记录
	Stringinput()	输入字符串
	numinput()	输入分数

```
void Insert(Link l)
{
    Link p,v,newinfo;              /*p指向插入位置,newinfo指新插入记录*/
    char ch,num[10],s[10];         /*s[]保存插入点位置之前的学号*/
    int flag=0;
    v=l->next;
    system("cls");
    Disp(l);
```

```
    while(1)
    {
        stringinput(s,10,"please input insert location  after the Number:");
        flag=0;v=l->next;
        while(v)                         /*查询该学号是否存在,flag=1表示该学号存在*/
        {
            if(strcmp(v->data.num,s)==0)
            {
                flag=1;break;
            }
            v=v->next;
        }
        if(flag==1)
        break;                           /*若学号存在,则进行插入之前新记录的输入操作*/
        else
        {
            getchar();
            printf("\n=====>The number %s is not existing,try again? (y/n):",s);
            scanf("%c",&ch);
            if(ch=='y'||ch=='Y')
            {
                continue;
            }
            else
            {
                return;
            }
        }
    }
}
```

当找到插入位置后,插入新记录的过程与Add()过程一致,具体操作在此省略。

7. 统计学生记录

统计学生记录操作中,系统统计总分第一名、单科第一名和各科不及格人数,并打印输出统计结果。统计学生记录函数Tongji()与被调函数关系如表1-3-7所示。

表1-3-7 Tongji()函数与被调函数关系表

主调函数	被调函数	
Tongji()	函数名	功能
	Disp()	输出学生记录

```
void Tongji(Link l)
{
    Node *pm,*pe,*pc,*pt;                 /*用于指向分数最高的节点*/
```

```
    Node *r=l->next;
    int countc=0,countm=0,counte=0;         /*保存三门成绩中不及格的人数*/
    if(!r)
    {
        system("cls");
        printf("\n=====>No student record! \n");
        getchar();
        return ;
    }
    system("cls");
    Disp(l);
    pm=pe=pc=pt=r;
    while(r)
    {
        if(r->data.cgrade<60) countc++;
        if(r->data.mgrade<60) countm++;
        if(r->data.egrade<60) counte++;
        if(r->data.cgrade>=pc->data.cgrade)     pc=r;
        if(r->data.mgrade>=pm->data.mgrade)     pm=r;
        if(r->data.egrade>=pe->data.egrade)     pe=r;
        if(r->data.total>=pt->data.total)       pt=r;
        r=r->next;
    }
    printf("\n------------the TongJi result------------\n");
    printf("C Language<60:%d (ren)\n",countc);
    printf("Math<60:%d (ren)\n",countm);
    printf("English<60:%d (ren)\n",counte);
    printf("-------------------------------------\n");
    printf("The highest by total score:%s total score:%d\n",pt->data.name,pt->data.
    total);
    printf("The highest by English score:%s total :%d\n",pe->data.name,pe->data.
    egrade);
    printf("The highest by Math score:%s total :%d\n",pm->data.name,pm->data.mgrade);
    printf("The highest by C score:%s total score:%d\n",pc->data.name,pc->data.
    cgrade);
    printf("\n\npress any key to return");
    getchar();
}
```

当用户输入 6 并按 Enter 键后，即可进入记录统计界面。统计结果如图 1-3-7 所示，统计结果为最高分及不及格人数。

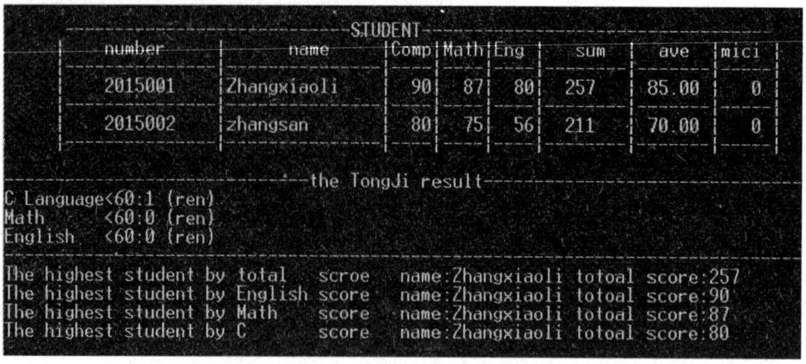

```
------------------------------STUDENT------------------------------------------
| number    |      name       |Comp|Math|Eng |  sum  |  ave   |mici |
|-----------|-----------------|----|----|----|-------|--------|-----|
| 2015001   |Zhangxiaoli      |  90|  87|  80| 257   | 85.00  |   0 |
|-----------|-----------------|----|----|----|-------|--------|-----|
| 2015002   |zhangsan         |  80|  75|  56| 211   | 70.00  |   0 |
|-----------|-----------------|----|----|----|-------|--------|-----|
---------------------------the TongJi result----------------------------------
C Language<60:1 (ren)
Math      <60:0 (ren)
English   <60:0 (ren)
-------------------------------------------------------------------------------
The highest student by total   scroe   name:Zhangxiaoli totoal score:257
The highest student by English score   name:Zhangxiaoli totoal score:90
The highest student by Math    score   name:Zhangxiaoli totoal score:87
The highest student by C       score   name:Zhangxiaoli totoal score:80
```

图 1-3-7　统计学生记录运行结果

8. 学生记录排序

在排序学生记录操作中，系统利用插入排序等算法实现单链表按总分字段的降序排列，并打印排序前和排序后的结果。学生记录排序函数 Sort()与被调函数关系如表 1-3-8 所示。

表 1-3-8　Sort()函数与被调函数关系表

主调函数	被调函数	
Sort()	函数名	功能
	Disp()	输出学生记录

```
void Sort(Link l)
{
    Link ll;
    Node *p, *rr, *s;
    int i=0;
    if(l->next==NULL)
    {
        system("cls");
        printf("\n=====>No student record! \n");
        getchar();
        return ;
    }
    ll=(Node *)malloc(sizeof(Node));
    if(!ll)
    {
        printf("\n allocate memory failure ");
        return ;
    }
    ll->next=NULL;
    system("cls");
    Disp(l);                        /*显示排序前的所有学生记录*/
    p=l->next;
```

```
    while(p)                        /* p! =NULL */
    {
        s=(Node *)malloc(sizeof(Node));
        if(!s)                      /* s==NULL */
        {
            printf("\n allocate memory failure ");
            return ;
        }
        s->data=p->data;            /* 填数据域 */
        s->next=NULL;
        rr=ll;
        while(rr->next! =NULL && rr->next->data.total>=p->data.total)
        {
            rr=rr->next;
        }                           /* 指针移至总分比 p 所指节点的总分小的节点位置 */
        if(rr->next==NULL)
            rr->next=s;
        else /* 否则将该节点插入至第一个总分字段比它小的节点的前面 */
        {
            s->next=rr->next;
            rr->next=s;
        }
        p=p->next;                  /* 原链表中的指针下移一个节点 */
    }
    l->next=ll->next;               /* ll 中存储已排序链表的头指针 */
    p=l->next;                      /* 已排序的头指针赋给 p,准备填写名次 */
    while(p! =NULL)                 /* 当 p 不为空时,进行下列操作 */
    {
        i++;                        /* 节点序号 */
        p->data.mingci=i;           /* 将名次赋值 */
        p=p->next;
    }
    Disp(l);
    saveflag=1;
    printf("\n    =====>sort complete! \n");
}
```

9. 存储学生记录

存储学生记录操作中,系统将单链表中数据写入磁盘数据文件,若用户修改数据后没有进行该操作,则在退出系统时,系统将提示用户是否存盘。

```
void Save(Link l)
{
    FILE * fp;
```

```
    Node *p;
    int count=0;
    fp=fopen("c:\\student","wb");                    /*以只写方式打开二进制文件*/
    if(fp==NULL)
    {
        printf("\n=====>open file error! \n");
        getchar();
        return ;
    }
    p=l->next;
    while(p)
    {
        if(fwrite(p,sizeof(Node),1,fp)==1)    /*每次写一条记录或一个节点信息至文件*/
        {
            p=p->next;
            count++;
        }
        else
        {
            break;
        }
    }
    if(count>0)
    {
        getchar();
        printf("\n==>save file complete,total saved's record number is: %d\n",count);
        getchar();
        saveflag=0;
    }
    else
    {
        system("cls");
        printf("the current link is empty,no student record is saved! \n");
        getchar();
    }
    fclose(fp);                                      /*关闭文件*/
}
```

10.表格形式显示记录

由于记录显示操作经常进行，故将该操作由独立的函数实现，以减少代码的重复。该函数将显示单链表 l 中存储的学生记录，具体为 student 结构中定义的内容。显示学生记录函数 Disp()与被调函数关系如表 1-3-9 所示。

表 1-3-9 Disp()函数与被调函数关系表

主调函数	被调函数	
	函数名	功能
Disp()	Printheader()	格式化输出表头
	Printdata()	格式化输出表中数据

```
void Disp(Link l)          /*显示单链表 l 中存储的学生记录，student 结构中定义的内容*/
{
    Node *p;
    p=l->next;             /*l 存储的是单链表中头节点的指针 /
    if(!p)                 /*p==NULL,NUll 在 stdlib 中定义为 0*/
    {
        printf("\n=====>No student record! \n");
        getchar();
        return;
    }
    printf("\n\n");
    printheader();
    while(p)               /*逐条输出链表中存储的学生信息*/
    {
        printdata(p);
        p=p->next;
        printf(HEADER3);
    }
    getchar();
}
```

1.3.5 小结

本节介绍了学生成绩管理系统的设计思路及编程实现方法，重点阐述了各功能模块的设计原理和开发方法，特别是利用数据结构中单链表的相关知识完成学生信息的增加、删除、修改、查找等操作，旨在引导读者熟悉 C 语言的文件和单链表操作。

利用该学生成绩管理系统可以实现对学生成绩的日常维护和管理，希望有兴趣的读者，对此程序进行扩展或者使用不同的方法来实现，使程序更加优化、完美。

第2章　信息系统课程设计

【教学内容】

本章主要介绍了信息系统的相关概念、开发方法及开发流程。2.1 节介绍信息系统的基本概念，包括信息系统类型、功能和结构；2.2 节介绍信息系统相关开发技术，包括编程语言和数据库技术；2.3 节以《毕业论文管理系统的设计》作为案例，介绍 B/S 模式下信息系统开发流程；2.4 节以《干部档案人事管理系统的设计》作为案例，介绍 C/S 模式下信息系统开发流程。

【教学目标】

◆了解信息系统基本概念、基本类型和基本功能。

◆熟悉信息系统的运行模式、信息系统开发平台、相关开发语言及设计报告的撰写方法。

◆掌握信息系统需求分析方法、数据库设计方法、信息系统框架搭建方法、信息系统测试方法和信息系统维护方法。

2.1　信息系统基本概念

信息系统（Information System）是由计算机硬件、软件、通讯设备、信息资源、用户及规章制度组成的以处理信息流为目的的人机一体化系统，其主要任务是最大限度地利用计算机及网络通讯技术加强企业或部门的信息管理。信息系统对企业或部门内的人力、物力、财力、设备、技术等信息资源进行获取、管理及加工处理，编制成各种信息资料提供给管理人员，为企业或部门的管理决策提供信息服务。

2.1.1　信息系统类型

从信息系统发展和系统特点来看，信息系统类型可分为数据处理系统（DPS）、管理信息系统（MIS）、决策支持系统（DSS）、专家系统（ES）和办公自动化系统（OA）五种类型。

数据处理系统（DPS）是运用计算机处理信息而构成的系统。其主要功能是通过数据处理系统对数据信息进行加工、整理，得到各种分析指标，并转变为易于被人们接受的信息形式。

管理信息系统（MIS）是一个以人为主导，利用计算机硬件、软件、网络通信设备以及其他办公设备，进行信息收集、传输、加工、储存、更新、拓展和维护的系统。

决策支持系统（DSS）是以管理科学、运筹学、控制论和行为科学为基础，以计算机技术、仿真技术和信息技术为手段，具有智能决策能力的人机交互系统。

专家系统（ES）是一种模拟人类专家解决领域问题的计算机程序系统。它利用人工智能技术和计算机技术，根据某领域一个或多个专家提供的知识和经验，进行推理和判断，模拟人类专家的决策过程，以便解决那些需要人类专家处理的复杂问题。

办公自动化系统(OA)是利用计算机技术、通信技术和多媒体技术，使办公业务借助于各种办公设备，并由这些办公设备与办公人员构成服务于某种办公目标的人机信息系统。

2.1.2　信息系统功能

信息系统的基本功能包括输入、存储、处理、输出和控制。

输入功能：信息系统的数据收集主要依靠输入功能来实现，输入功能取决于系统所要达到的目的、系统的能力及信息环境的许可。

存储功能：存储功能指的是系统存储各种信息资料和数据的能力。

处理功能：基于数据仓库技术的联机分析处理(OLAP)和数据挖掘(DM)技术。

输出功能：信息系统的各种功能都是为了保证最终实现最佳的输出功能。

控制功能：对构成系统的各种信息处理设备进行控制和管理，通过各种程序对整个信息加工、处理、传输、输出等环节进行控制。

2.1.3　信息系统结构

信息系统的结构包括基础设施层、资源管理层、业务逻辑层和应用表现层。

基础设施层由支持计算机信息系统运行的硬件、系统软件和网络组成。

资源管理层包括各类结构化、半结构化和非结构化的数据信息以及实现信息采集、存储、传输、存取和管理的各种资源管理系统，这些资源管理系统主要有数据库管理系统、目录服务系统、内容管理系统等。

业务逻辑层由实现各种业务功能、流程、规则、策略等应用业务的一组信息处理代码构成。

应用表现层是指通过人机交互等方式，将业务逻辑和资源紧密结合在一起，并以多媒体等丰富的形式向用户展现信息处理的结果。

2.2　信息系统开发技术

信息系统运行模式不同，相应的开发技术也不同。C/S 模式的信息系统开发技术包括 VB、Delphi、VC＋＋、VB. NET、C＃ 等。B/S 模式的信息系统开发技术包括 ASP. NET、J2EE、ASP、JSP、PHP 等。本节主要简单介绍 VC＋＋、ASP. NET 和 J2EE。

2.2.1　VC＋＋

Microsoft Visual C＋＋(简称 VC＋＋或 VC)是 Microsoft 公司推出的面向对象可视化集成编程系统。它具有程序框架自动生成、类管理方便灵活、代码编写和界面设计集成交互操作、可开发多种程序等优点。另外，它还有很多特色，如“语法高亮”、具有自动完成功能以及高级除错功能；允许用户进行远程调试和单步执行；允许用户在调试期间重新编译被修改的代码，而不必重新启动正在调试的程序；其编译及建置系统由预编译头文件、最小重建功能及累加链接等组成。这些特征明显缩短了程序编辑、编译及链接所花费的时间，在大型软件开发上表现尤为显著。

VC＋＋应用程序的开发主要有两种模式：一种是 WIN API 方式；另一种则是 MFC 方式。由于传统的 WIN API 开发方式比较繁琐，而 MFC 则是对 WIN API 再次封装，因此，MFC 相对于 WIN API 开发更具备效率优势。

2.2.2 ASP.NET

ASP.NET 的前身是 ASP 技术，ASP 技术最初应用在 IIS 2.0 上，并在 IIS 3.0 上发扬光大，成为服务器端应用程序的热门开发工具，微软还特别为它量身打造了 VisualInter Dev 开发工具。在 1994 年到 2000 年之间，ASP 技术已经成为微软推广 Windows NT 4.0 平台的关键技术之一，数以万计的 ASP 网站也是从这时开始如雨后春笋般地出现在网络上。它的简单特点以及高度可定制化的能力，也是它能迅速崛起的原因之一。不过 ASP 的缺点也逐渐显现出来：

(1)面向过程型的程序开发方法，加大了系统维护难度，尤其是大型 ASP 应用系统。

(2)解释型的 VBScript 或 JavaScript 语言，让其性能无法完全发挥。

(3)扩展性因其基础架构的不足而受限，虽然有 COM 组件可用，但开发一些特殊功能时，没有来自内置的支持，需要寻求第三方控件。

微软开始针对 ASP 的缺点，设计出了一个新的开发平台，即 ASP.NET。ASP.NET 开发首选语言是 C♯ 及 VB.NET，同时也支持多种语言的开发。它的出现彻底颠覆了 ASP 开发模式，两者的区别表现在：

(1)开发语言不同。ASP 仅局限于使用 non-type 脚本语言来开发，如 VBScript、JavaScript 等。用户给 WEB 页中添加 ASP 代码的方法与客户端脚本中添加代码的方法相同，导致代码杂乱。ASP.NET 允许用户选择并使用功能完善的 strongly-type 编程语言，如 C♯、VB.NET 等，并允许使用潜力巨大的.NET Framework。

(2)运行机制不同。ASP 是解释运行的编程框架，执行效率较低。ASP.NET 是编译性的编程框架，运行服务器上编译好的公共语言运行时库代码，可以利用早期绑定、实施编译来提高效率。

(3)开发方式不同。ASP 把界面设计和程序设计混在一起，维护和重用困难。ASP.NET 把界面设计和程序设计用不同的文件分离开，复用性和维护性得到提高。

2.2.3 J2EE

J2EE(Java 2 Platform, Enterprise Edition)是 Sun 公司针对大企业主机级的计算类型而设计的 Java 开发平台，目的是简化瘦客户环境下的应用开发。由于它创造了标准的可重用模块组件以及构建了能自动处理编程中诸多问题的等级结构，简化了应用程序的开发，因此它是目前较流行的大型系统开发环境。J2EE 的特点表现在：

1. 开发高效

J2EE 允许公司把一些通用的、很繁琐的服务端任务交给中间件供应商去完成，这样开发人员可以把精力集中在如何创建商业逻辑上，相应地缩短了开发时间。

2. 支持异构环境

J2EE 能够开发部署在异构环境中的可移植程序。由于基于 J2EE 的应用程序不依赖任何特定操作系统、中间件和硬件，因此基于 J2EE 的程序只需要开发一次就可部署到各种平台上，这在典型的异构企业计算环境中是十分关键的。J2EE 标准也允许客户订购与 J2EE 兼容的第三方组件，把它们部署到异构环境中，从而节省了整个方案的费用。

3. 可伸缩性

企业必须选择一种服务器端平台，这种平台应能提供极佳的可伸缩性，以满足那些在它们系统上进行商业运作的大批新客户。基于 J2EE 平台的应用程序可被部署到各种操作系统上。例如，可被部署到高端 UNIX 与大型机系统，这种系统单机可支持 64 至 256 个处理器(这是 NT 服务器所望尘莫及的)。J2EE 领域的供应商提供了更为广泛的负载平衡策略，能消除系统中的瓶颈，允许多台服务器集成部署，这种部署可达数千个处理器，实现可高度伸缩的系统，满足未来商业应用的需要。

4. 稳定的可用性

一个服务器端平台必须能全天候运转，以满足公司客户、合作伙伴的需要。因为 Internet 是全球化的、无处不在的，所以，即使在夜间按计划停机，也可能造成严重损失。若是意外停机，则会有灾难性后果。J2EE 部署到可靠的操作环境中，它们支持长期的可用性。一些 J2EE 部署在 Windows 环境中，客户也可选择鲁棒性(稳定性)更好的操作系统，如 Sun Solaris、IBM OS/390 等。鲁棒性最好的操作系统可达到 99.999%的可用性或每年 5 分钟的停机时间，这是实时性很强的商业系统的理想选择。

2.2.4　数据库技术

数据库技术是通过研究数据库的结构、存储、设计、管理以及应用的基本理论和实现方法，并利用这些理论来实现对数据库中的数据进行处理、分析和理解的技术，即数据库技术是研究、管理和应用数据库的一门软件技术。数据库是数据存储的仓库，任何信息系统的开发都离不开数据库技术。

数据库技术研究和管理的对象是数据，数据库技术所涉及的具体内容主要包括：通过对数据的统一组织和管理，按照指定的结构建立相应的数据库和数据仓库；利用数据库管理系统和数据挖掘系统设计出能够实现对数据库中的数据进行添加、修改、删除、处理、分析、理解、报表和打印等多种功能的数据管理和数据挖掘应用系统；利用应用管理系统最终实现对数据的处理、分析和理解。数据库设计的步骤包括用户需求分析、数据库逻辑设计、数据库物理设计、数据库实施和维护四个阶段。

目前，流行的数据库系统有 Access、SQL Server、Oracle、DB2 等。它们都基于实体联系模型(即 E-R 模型)，具有设计方便、存取速度快、支持结构化查询语言等优点。

2.3　毕业论文管理系统的设计

2.3.1　系统开发背景

1. 系统设计的意义

毕业设计(论文)(以下简称毕业论文)是一种高校综合实践教学活动，是人才培养方案中重要的实践教学环节。目前，高校毕业生人数众多，同时随着教学改革的不断深入，高校对毕业论文的各个流程的监控和管理更加严格，毕业论文管理工作量日益增大。为了方便指导老师和教学管理人员对毕业论文工作进行全程监控和管理，建立一个高效、快捷的毕业论文管理系统显得非常重要。

该系统包括选题申报、学生选题、导师确选、开题报告、中期检查、答辩管理、数据统计、交流互动等功能，实现了毕业论文各环节全过程信息化管理，实现了学生和导师的双向选择，降低了指导老师和教学管理人员的工作量，体现了毕业论文教学环节的透明性和规范性。

2. 可行性分析

可行性分析包括技术可行性、经济可行性和管理可行性。它是系统实施前最重要的一步，它充分分析了系统开发方具有的技术能力、经济能力和项目管理能力，分析结果将决定能不能完成信息系统的开发任务，给决策者提供决策支持。

(1)技术可行性。本系统使用 ASP 开发环境，数据库选择 Access 2003。

(2)经济可行性。系统开发所需经费包括两个部分：一是开发费用，这个费用由系统功能模块来确定，根据本系统的功能需求，费用不会太高；二是短信服务费，这个费用根据短信发送量来确定，由于高校毕业生人数有限，故一般情况下短信服务费也不会太高。综合以上因素，项目在经济上是可行的。

(3)管理可行性。系统开发由项目组承担，项目组人员配置包括项目经理 1 人，技术负责人 1 名，秘书 1 名，软件工程师 5 名，测试工程师 3 名。项目组组织合理，分工明确，确保项目在管理上是可行的。

2.3.2 需求分析

1. 系统功能概述

毕业论文管理系统实现毕业论文全过程管理和监控，主要功能性需求包括：增、删、改各种基本信息；学生和指导老师对课题进行双向互选；论文的提交与审核；系统数据的管理及查询等。

系统主要操作流程：管理员将学生和指导老师的信息导入数据库；指导老师申报选题，学生选择课题，指导老师确定选题；学生提交论文，指导老师审核论文，等等。

2. 用例图描述

系统的参与者包括学生、指导老师和管理员。每个参与者对应不同的权限，其中管理员的权限最大，负责整个系统的维护。下面使用用例模型来描述系统需求。

(1)学生。在选题阶段，学生能够浏览毕业论文选题，查看论文选题信息，并进行选题操作。在论文答辩阶段，学生能够提交论文，答辩委员会审核评分后，能够查看毕业论文答辩成绩。学生用例图如图 2-3-1 所示。

系统登录：输入用户名和密码，用户类型选择“学生”，验证后即可登录系统。应用功能包括编辑个人信息、论文选题、论文提交等。

选题管理：在规定的时间内，学生通过该功能可以浏览选题，并进行选题操作。每个学生一次只能选择一个选题，选题完成后，进入"等待审核"状态，系统会通过短信告知指导老师及时进行审核。审核通过后，系统通过短信告知学生选题成功；如果未通过，系统通过短信告知学生，学生再重新选题，直到选题通过审核为止。另外，选题处在"等待审核"状态时，如学生想变换选题，需先删除原选题，然后再重新选题。一旦指导老师审核通过，选题不能再更改。

再提交论文：学生通过此功能可以提交电子版论文，论文可以多次提交，以最后一次提交为准，系统显示最后一次的提交版本。

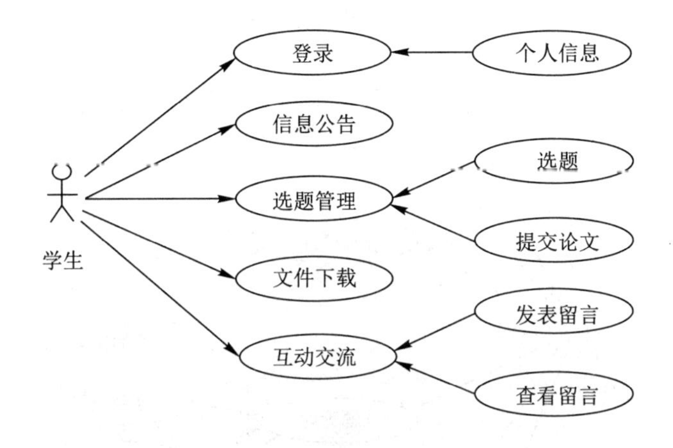

图 2-3-1　学生用例图

互动交流：学生可以发表留言，同时可以对其他用户的留言进行浏览、评论。

(2)指导老师。指导老师能够进行申报选题、确认学生选题以及与同学在线互动。指导教师用例图如图 2-3-2 所示。

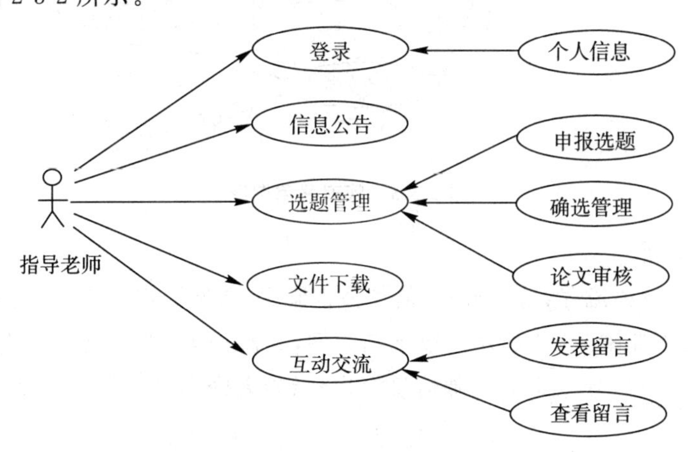

图 2-3-2　指导教师用例图

系统登录：输入用户名和密码，用户类型选择"指导老师"，验证后即可登录系统。应用功能包括编辑个人信息、申报选题、确认学生选题、论文审核等。

编辑个人信息：指导老师可以编辑个人信息。

选题管理:指导老师能够申报选题,学生选题完成后,指导老师可以审核学生的选题。审核通过后,选题成功;若审核未通过,则学生需要重新选题,直到审核通过为止。

论文审核:论文撰写完成后,学生提交论文。指导老师对论文进行修改、审核,审核通过后,学生方能进入答辩环节。

互动交流:指导老师可以发表留言,同时可以对其他用户的留言进行浏览、评论。

(3)管理员。管理员具有系统设置、分配用户、信息查询、数据导入导出、数据统计等权限,可以对学生、指导老师、课题等信息进行管理。管理员用例图如图 2-3-3 所示。

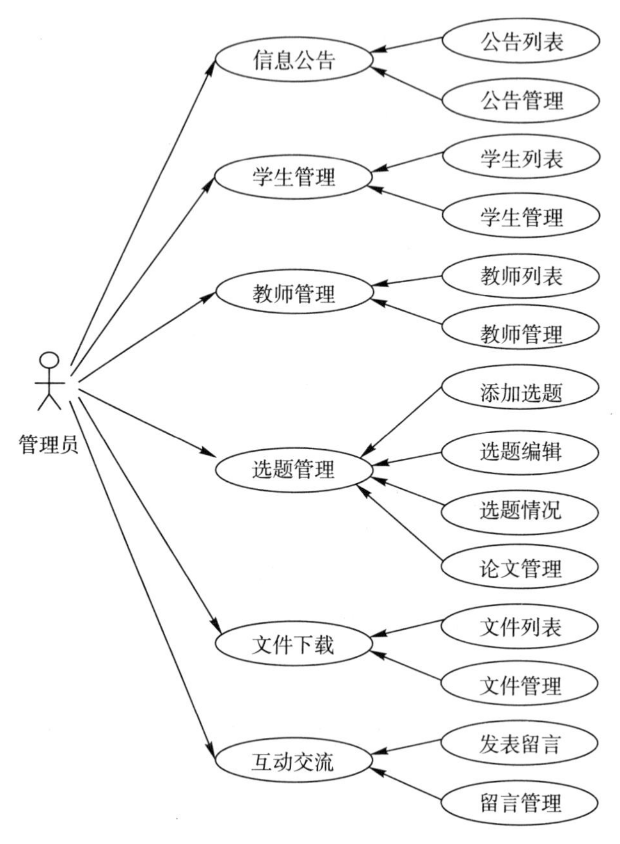

图 2-3-3 管理员用例图

3. 业务流程分析

系统包含五个业务流程:选题流程、信息公告流程、文件管理流程、论文管理流程和统计流程,具体业务流程如图 2-3-4 所示。以选题为例,其流程为:管理员初始化数据库(包括信息设置、导入学生信息、导入指导老师信息等)→指导老师申报课题→学生选题→指导老师确认学生选题。

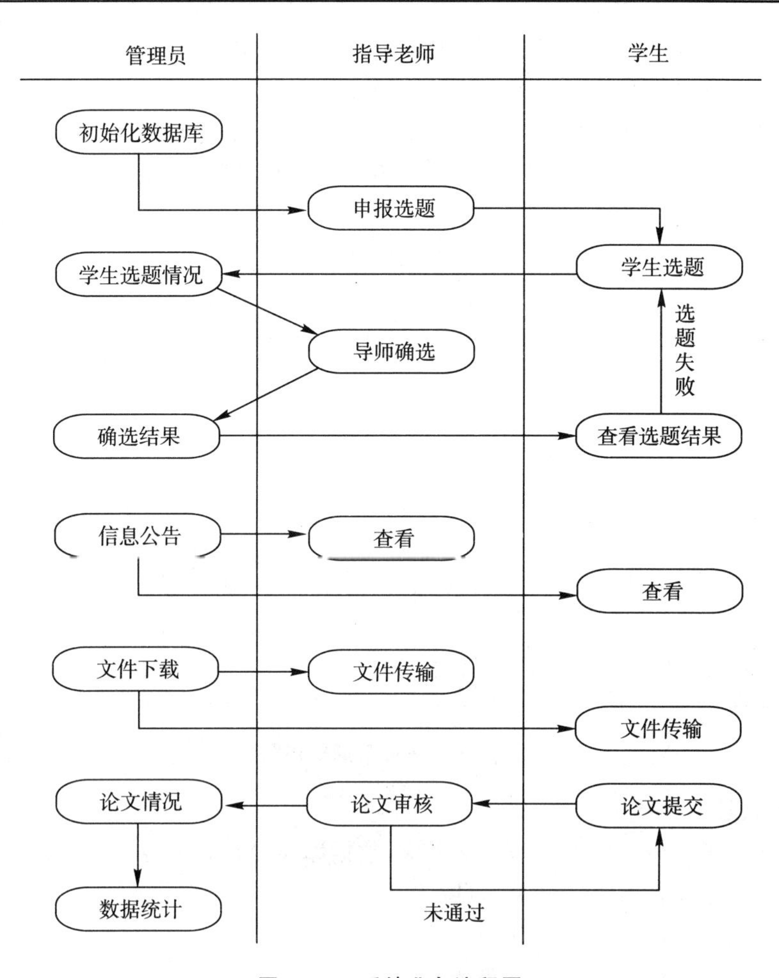

图 2-3-4　系统业务流程图

2.3.3　系统设计

1. 总体设计

(1)项目规划。毕业论文管理系统是一个基于 Web 平台的应用软件,由信息公告模块、个人中心模块、选题管理模块、答辩管理模块、互动交流模块、数据管理模块和权限管理模块组成,各模块的功能如下:

信息公告模块:实现系统公告功能和公告管理功能,公告管理用于发布和管理动态信息。

个人中心模块:实现个人基本信息管理、密码修改、成绩查询、短信浏览等功能。

选题管理模块:对于不同的用户,选题管理模块的功能是不一样的。对于学生用户,选题管理模块实现我的选题、我要选题、确选浏览等功能;对于指导老师,选题管理模块实现申报选题、我的选题、确选管理、选题浏览等功能。

答辩管理模块:实现论文提交、论文审核等功能。

互动交流模块:实现发表留言、查看留言等功能。

数据管理模块:实现毕业设计分数统计、报表的生产、文件导入与导出等功能。

权限管理模块:实现权限分配、权限浏览、权限注销等功能。

(2)功能结构图。系统包括三个模块:学生模块、指导老师模块和管理员模块,功能结构图如图 2-3-5 所示。学生模块包括个人信息、我的选题、我要选题、论文提交等;指导老师模块包括申报选题、我的选题、确选管理、论文审核等;管理员模块包括信息公告、学生管理、教师管理、选题管理、系统设置等。

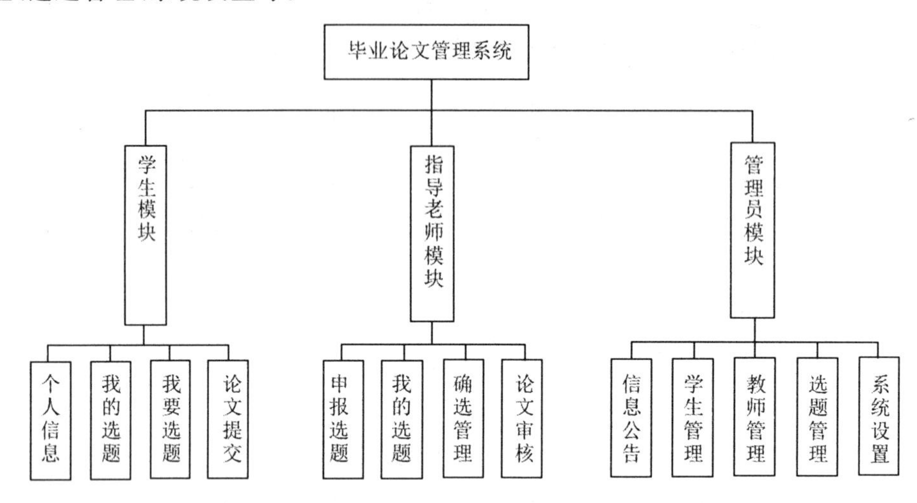

图 2-3-5 系统功能结构图

2. 数据库设计

(1)数据库需求分析。依据项目功能需求,数据库表设计如下:

管理员表:用于保存系统管理员信息。

学生信息表:用于保存学生信息。

指导老师表:用于保存指导老师信息。

职称信息表:用于保存教师职称信息。

选题信息表:用于保存选题信息。

确选关系表:用于保存学生与选题之间关系信息。

答辩信息表:用于保存论文答辩信息。

机构信息表:用于保存组织机构信息。

短信记录表:用于保存短信发送情况。

信息公告表:用于保存通知公告信息。

互动交流表:用于保存互动交流信息。

(2)数据表 E-R 关系图。在选题管理过程中,由于一个学生只能选一个课题,一个课题可以被多个人选择,故课题与学生是一对多关系。由于一个指导老师可以申报多个课题,而一个课题只能对应一个指导老师,故指导老师和课题是一对多关系。E-R 图如图 2-3-6 所示。

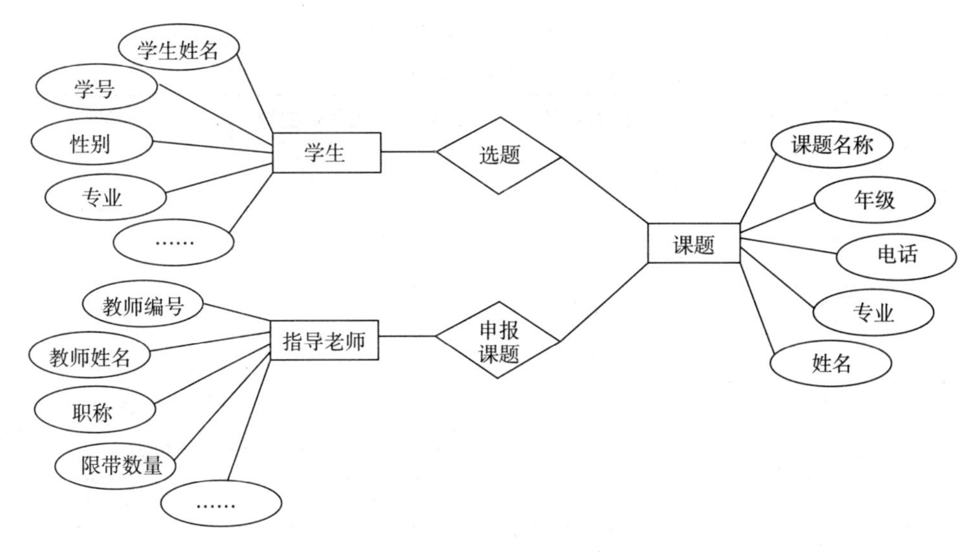

图 2-3-6　数据库 E-R 图

(3)数据库表设计。数据库表名称为 LWGS,主要数据库表描述如下:

①user_table(管理员表),主要存储系统管理员信息,如表 2-3-1 所示。

表 2-3-1　管理员表

字段名	数据类型	长度	是否主键	描述
ID	数字	11	是	自动编号
user_No	文本	40	否	管理员编号
user_Tid	数字	11	否	管理员类型编号
user_Name	文本	40	否	管理员姓名
user_Pass	文本	40	否	登录密码

②student_info(学生信息表),用于保存学生信息,如表 2-3-2 所示。

表 2-3-2　学生信息表

字段名	数据类型	长度	是否主键	描述
ID	数字	11	是	自动编号
st_No	文本	40	否	学号
sp_ID	数字	11	否	专业编号
st_Name	文本	40	否	学生姓名
st_Sex	文本	2	否	性别
st_Grade	文本	40	否	年级
st_Class	文本	40	否	班级
st_Address	文本	40	否	地址
st_Date	时间	0	否	出生日期
st_Phone	文本	40	否	联系电话
st_Pass	文本	40	否	登录密码

③teacher_info(指导老师表),用于保存指导老师信息,如表 2-3-3 所示。

表 2-3-3 指导老师信息表

字段名	数据类型	长度	是否主键	描述
ID	数字	11	是	自动编号
tea_No	文本	40	否	指导教师编号
res_ID	数字	11	否	所属教研室编号
tea_Name	文本	40	否	指导老师姓名
zc_ID	数字	11	否	职称编号
tea_Phone	文本	40	否	联系电话
st_Count	文本	40	否	限带学生数
tea_Email	文本	40	否	电子邮件
tea_Intro	文本	255	否	老师简介
tea_Pass	文本	40	否	登录密码

④zc_table(职称信息表),用于保存教师职称信息,如表 2-3-4 所示。

表 2-3-4 教师职称信息表

字段名	数据类型	长度	是否主键	描述
ID	数字	11	是	自动编号
zc_ID	数字	11	否	职称编号
zc_Name	文本	40	否	职称名称

⑤select_topic(选题信息表),用于保存选题信息,如表 2-3-5 所示。

表 2-3-5 选题信息表

字段名	数据类型	长度	是否主键	描述
ID	数字	11	是	自动编号
sel_Name	文本	40	否	选题名称
tea_No	文本	40	否	所属导师编号
sel_ Direction	文本	40	否	选题方向
sel_ Intro	文本	255	否	选题介绍
task_Book	文本	40	否	任务书存储名称
check	文本	2	否	审核

⑥select_true(确选关系表),用于保存学生选题情况,如表 2-3-6 所示。

表 2-3-6　确选关系表

字段名	数据类型	长度	是否主键	描述
ID	数字	11	是	自动编号
sel_ID	文本	40	否	选题 ID
tea_No	文本	40	否	导师编号
st_ No	文本	40	否	学号
sel_Flag	文本	2	否	标志确选

⑦defence_table(答辩信息表),用于保存论文答辩信息,如表 2-3-7 所示。

表 2-3-7　答辩信息表

字段名	数据类型	长度	是否主键	描述
ID	数字	11	是	自动编号
sel_ID	文本	40	否	选题 ID
st_No	文本	40	否	学号
defence_Name	文本	40	否	论文存储名称
Edition	数字	2	否	版本
tj_Time	时间	8	否	提交时间
score	数字	4	否	分数
check_Flag	文本	255	否	论文审核标志

2.3.4　系统实现

1. 系统登录

系统用户类型有三种:学生、指导老师和管理员。输入姓名/学号(只有学生能输入学号)和密码后,再选择相应的用户类型,系统验证通过后才能进入系统,如果验证出错,将提示错误原因。系统验证成功后,会按照用户类型进入相应的管理界面,登录界面如图 2-3-7 所示。

图 2-3-7　系统登录界面

```
//学生登录代码示例
if login_u_type=3 then
    set rs = server.createobject("adodb.recordset")
    sql="select * from student_info where St_number='"&login_user_no&"' or st_name='"
        &login_user_no&"'"
    rs.open sql,conn,1,1
    if rs.bof and rs.eof then
        response.Write("<script>alert('用户不存在!');history.back()</script>")
    else
        user_ID=rs("ID")
        user_no=trim(rs("St_number"))
        user_pass=rs("st_pass")
        u_type=3
        user_name=rs("St_name")
        session("sp_id")=rs("sp_id")
    end if
    if login_user_pass<>user_pass then
        response.Write("<script>alert('密码错误! 请返回');history.back()</script>")
    end if
end if
if u_type=1 then
    response.redirect "../admin/adminMain.asp"
end if
if u_type=2 then
    response.redirect "../teacher/teaMain.asp"
end if
if u_type=3 then
    response.redirect "../student/stuMain.asp"
end if
```

2. 课题申报

首先，指导老师登录系统申报课题，一个指导老师可以申报多个课题，课题信息包括课题名称、指导老师、课题方向、限选专业和课题介绍等，申报课题界面如图 2-3-8 所示，带 * 号项的为必填项，否则系统无法通过有效性验证。

图 2-3-8　课题申报界面

```
//代码示例
Action=request.QueryString("Action")
if Action = "addnew" then
    set rs = server.createobject("adodb.recordset")
    sql="select * from select_cursor"
    rs.open sql,conn,1,3
    rs.addnew
    rs("Sel_name")=trim(request.form("Sel_name"))
    rs("Tea_id")=trim(request.form("Tea_id"))
    rs("Sel_cour")=request.form("Sel_cour")
    rs("sp_id")=request.form("sp_id")
    rs("Sel_con")=request.form("Sel_con")
    rs("sel_flag")=false
    rs.update
    rs.close
    set rs = nothing
    response.Redirect("task_mysel.asp")
end if
```

课题信息添加完成后，课题申报还没结束，页面跳转到“我的选题”页面，显示所有我申报的课题信息，如图 2-3-9 所示。在此页面中，点击“上传”按钮上传课题任务书，上传成功后，任务书状态显示“已提交”。申报课题截止前，指导老师可以删除课题；截止后，指导老师无法自行删除。

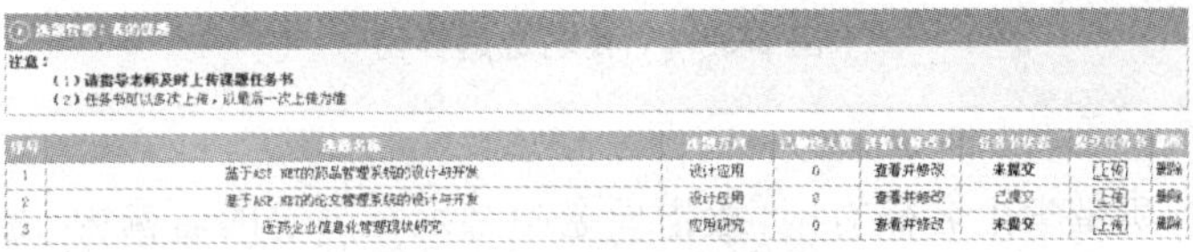

图 2-3-9　教师选题列表

3. 学生选题

指导老师申报课题时间截止后，开启学生选题功能。学生登录系统，进入“我要选题”页面，如图 2-3-10 所示。在“我要选题”页面中显示所有课题、任务书、已选人数等信息，学生可以根据自己的兴趣选择课题，每个学生只能选择一个课题。

图 2-3-10　所有选题列表

```
//代码示例
sel_id=Cint(request.QueryString("sel_id"))
tea_id=request.QueryString("tea_id")
st_number=request.QueryString("st_number")
set rs = server.createobject("adodb.recordset")
sql="select * from select_true"
rs.open sql,conn,1,3
rs.addnew
rs("Sel_id")=sel_id
rs("tea_id")=tea_id
rs("st_number")=st_number
rs.update
rs.close
set rs = nothing
response.Redirect("task_mysel.asp")
```

选题完成后，跳转到"我的选题"页面，等待指导老师的确选审核，如图 2-3-11 所示。在指导老师确选审核之前，学生可以删除原选题，重新选题。确选审核通过，即选题成功后，不能再更改选题。确选审核没通过的学生则需要重新选题，直到选题成功为止。

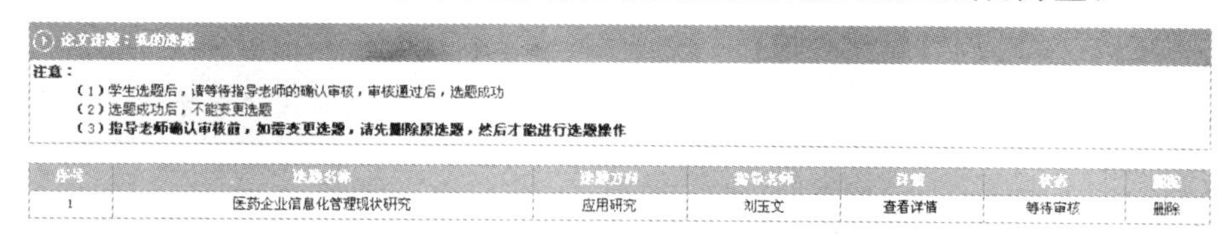

图 2-3-11　我的选题界面

4. 选题确选

由于指导老师所带学生名额有限，故指导老师必须在限定的名额内，对学生进行确选审核，确选页面如图 2-3-12 所示。指导老师可以点击"姓名"链接查看学生信息。确选完毕，则学生选题成功。

选题管理：确选管理

注意：

（1）点击学生姓名和选题名称可以查看详细信息

（2）您指导的学生数为3人，请及时足额确选，否则，逾期系统将自动分配

（3）请您慎重确选，一经确选，不能更改

序号	学号	姓名	学生电话	选题名称	指导老师	选题方向	操作
1	11200207	胡萍萍	13982239308	医药企业信息化管理现状研究	刘玉文	应用研究	已确选
2	11200201	孟威	15309893421	医药企业信息化管理现状研究	刘玉文	应用研究	确选该学生
3	11200209	尹苗苗	15273437276	基于ASP NET的药品管理系统的设计与开发	刘玉文	设计应用	确选该学生
4	11200206	张荣凯	13812342369	基于ASP.NET的论文管理系统的设计与开发	刘玉文	设计应用	确选该学生
5	11200208	王大胜	13373418837	基于ASP NET的论文管理系统的设计与开发	刘玉文	设计应用	确选该学生

图 2-3-12　确选管理界面

```
//代码示例
Action=request.QueryString("Action")
'判断老师限带人数、确定选题
if Action = "yes" then
    set rs = server.createobject("adodb.recordset")
```

```
    sql = "select * from select_true where St_number='"&request("St_number")&"' and
        Sel_id="&Cint(request("Sel_id"))
    rs.open sql,conn,1,3
    rs("sel_flag")=true
    rs.update
    rs.close
    set rs = nothing
'判断老师带的人数是否带满
    set rsp = server.createobject("adodb.recordset")
    sql="select tea.St_count,(select count( * ) from select_true selt where selt.Sel_flag=true
        and selt.Tea_id=tea.tea_id) as tCount from teacher_inf tea where  Tea_id='"&
        session("user_no")&"'"
    rsp.open sql,conn,1,1
'删除该题其他
    if rsp("tCount") = rsp("St_count") then
        sql = "delete from select_true where Sel_flag=false and tea_id='"&
            session("user_no")&"'"
        Conn.Execute(sql)
    end if
    response.Redirect("task_view.asp? txtpage="&request("txtpage"))
    rsp.close
    set rsp=nothing
    conn.close
    set conn = nothing
end if
```

5. 论文提交

学生完成论文撰写后，点击左侧菜单中的"提交论文"链接，进入论文提交界面，如图2-3-13所示，点击"上传"按钮进行论文提交，论文的格式为 rar 或 doc，其他格式不能上传。在规定时间内，论文可以多次提交，以最后一次提交为准。系统会记录最后一次提交的版本信息。提交完成后等待指导老师审核，如果审核不通过，则需要修改论文后继续提交，直到审核通过为止。

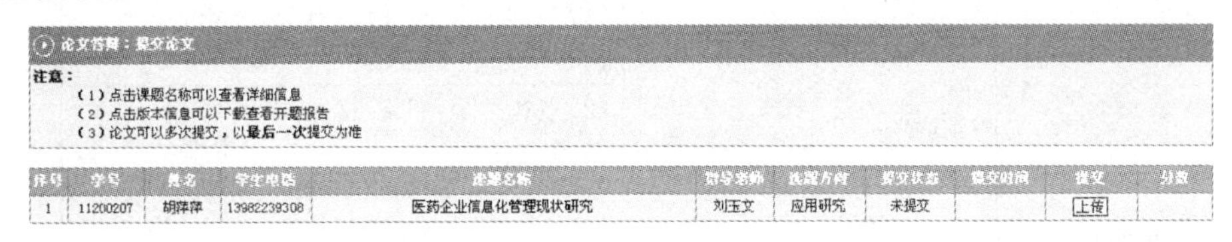

图 2-3-13　论文提交界面

6. 论文审核

论文审核是指指导老师在学生答辩前对论文进行审核、评分，以保证论文的质量。论文审核页面如图 2-3-14 所示，只有审核通过的论文才能进入答辩环节；否则，返回重新修改，直到审核通过为止。

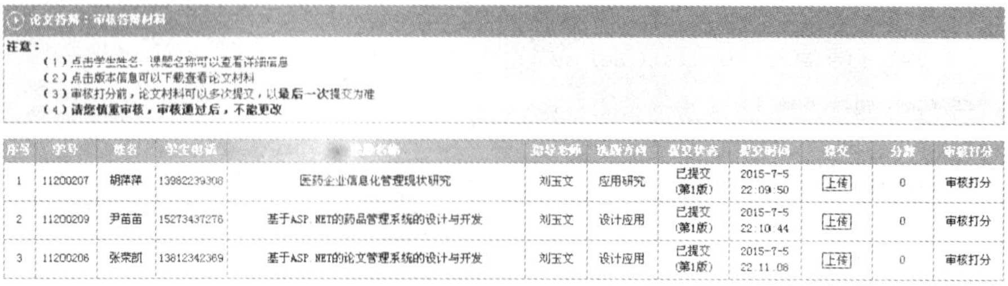

论文答辩：审核答辩材料

注意：

（1）点击学生姓名、课题名称可以查看详细信息

（2）点击版本信息可以下载查看论文材料

（3）审核打分前，论文材料可以多次提交，以最后一次提交为准

（4）请您慎重审核，审核通过后，不能更改

序号	学号	姓名	学生电话	课题名称	指导老师	选题方向	提交状态	提交时间	提交	分数	审核打分
1	11200207	胡萍萍	13982239308	医药企业信息化管理现状研究	刘玉文	应用研究	已提交（第1版）	2015-7-5 22:09:50	上传	0	审核打分
2	11200209	尹苗苗	15273437276	基于ASP.NET的药品管理系统的设计与开发	刘玉文	设计应用	已提交（第1版）	2015-7-5 22:10:44	上传	0	审核打分
3	11200206	张荣凯	13812342369	基于ASP.NET的论文管理系统的设计与开发	刘玉文	设计应用	已提交（第1版）	2015-7-5 22:11:08	上传	0	审核打分

图 2-3-14　论文审核界面

2.3.5　系统测试

测试是软件开发过程的一个重要环节，包括模块测试、集成测试、整体联调等。测试一般分为黑盒测试和白盒测试。为了使编码和测试分离，保证测试覆盖率，测试采用“他人测试”原则。测试人员依照测试用例对系统进行测试。由于篇幅原因，本系统测试用例较多，本节以一个测试用例为例，讲解测试用例的编写方法和测试过程，其他用例不再赘述。

以学生模块中“论文选题”子模块为例，测试用例样表如表 2-3-8 所示，测试人员依照用例表逐项进行测试。测试通过后，在“真实结果”项中打“√”；若测试不通过，则在“真实结果”项中打“×”，并在备注中说明原因。

表 2-3-8　“论文选题”测试用例

<table>
<tr><td colspan="2">用例标识</td><td colspan="2">GTMS0012</td><td>项目名称</td><td colspan="5">毕业论文管理系统</td></tr>
<tr><td colspan="2">开发人员</td><td colspan="2">XXX</td><td>模块名称</td><td colspan="5">论文选题</td></tr>
<tr><td colspan="2">用例作者</td><td colspan="2">XXX</td><td>设计日期</td><td colspan="5">XXXX 年 XX 月 XX 日</td></tr>
<tr><td colspan="2">测试类型</td><td colspan="2">黑盒测试</td><td>测试日期</td><td>XXXX 年 XX 月 XX 日</td><td colspan="2">测试人员</td><td colspan="2">XXX</td></tr>
<tr><td colspan="2">用例描述</td><td colspan="8"></td></tr>
<tr><td colspan="2">前置条件</td><td colspan="8"></td></tr>
<tr><td>编号</td><td colspan="2">测试项</td><td colspan="2">描述/输入/操作</td><td colspan="2">期望结果</td><td colspan="2">真实结果</td><td>备注</td></tr>
<tr><td>001</td><td colspan="2">左侧菜单</td><td colspan="2">浏览/点击导航链接</td><td colspan="2">正确显示页面位置</td><td colspan="2">√</td><td></td></tr>
<tr><td rowspan="7">002</td><td colspan="2" rowspan="7">我的选题</td><td colspan="2">未选课题时</td><td colspan="2">“我的选题”列表为空</td><td colspan="2">√</td><td></td></tr>
<tr><td colspan="2" rowspan="6">已选题，未审核时</td><td colspan="2">(1)“我的选题”列表显示一条选题信息。</td><td colspan="2">√</td><td rowspan="6"></td></tr>
<tr><td colspan="2">(2)点击“详情”链接能够查看课题信息</td><td colspan="2">√</td></tr>
<tr><td colspan="2">(3)“状态”为“等待审核”</td><td colspan="2">√</td></tr>
<tr><td colspan="2">(4)“删除”功能正常</td><td colspan="2">√</td></tr>
<tr><td colspan="2">(5)“我要选题”列表中，“选题”功能失效</td><td colspan="2">√</td></tr>
<tr><td colspan="2">(6)删除当前选题后，“我要选题”列表中，“选题”功能可用</td><td colspan="2">√</td></tr>
</table>

续表

用例标识	GTMS0012	项目名称	毕业论文管理系统		
		已选题,审核通过时	(1)“状态”为选题成功	√	
			(2)“删除”栏为空	√	
003	我要选题		(1)课题列表显示课题信息	√	
			(2)查询功能可用	√	
			(3)“课题详情”链接能跳转到课题详情页面	√	
		未选课题时	(4)“选题”功能可用	√	
		已选课题时	(5)“选题”功能不可用	√	
004	确选浏览		(1)列表中显示已确选的选题信息	√	
			(2)“详情”链接能跳转到课题详情页面	√	

2.3.6　系统运行与维护

1. 系统运行

运行环境:操作系统为 Windows Server 2000 以上版本,Web 服务器为 IIS 6.0 以上版本。

系统发布:设置 IIS 主目录;把系统文件上传到 IIS 主目录所指向的文件夹下;在客户端的 IE 浏览器中输入系统网址后即可访问。

2. 系统维护

系统在使用过程中,难免会出现一些问题和新需求,如测试环节没用测试到的 BUG,客户端软件环境的改变致使系统无法访问,以及随着论文管理流程的改变,系统需要功能升级等。

为了系统维护方便,系统在使用过程中遇到问题时,操作人员会按照“系统故障记录表”登记系统故障。维护人员定期按照“系统故障记录表”记录情况对系统进行维护和升级。“系统故障记录表”样式如表 2-3-9 所示。

表 2-3-9　系统故障记录表

序号	问题/操作描述	记录人	发现时间	紧急程度	是否解决	解决时间	备注

2.4 干部档案人事管理系统的设计

2.4.1 系统开发背景

1. 系统开发的意义

企事业单位员工信息和档案资料很多,档案人事管理工作十分繁重。长期以来,由于缺乏员工档案信息有效管理手段,企事业单位的档案不能及时全面反映员工基本信息动态,造成员工管理上的混乱,因此,开发档案人事管理系统对满足管理需求具有十分重要的意义。

2. 可行性分析

(1)技术可行性。本系统使用 VB 6.0 开发环境,数据库选择 Access 2003。这两项技术普及时间长,技术成熟,运行环境要求低。开发人员对开发工具使用熟练,能满足系统开发的技术要求。

(2)经济可行性。系统开发所需经费包括两个部分:一是开发费用,这个费用根据系统功能模块来确定;二是维护费用,这部分费用根据维护工作量和后期开发功能来确定。

(3)管理可行性。系统开发由项目组承担,项目组人员组织合理,分工明确,配置包括项目经理 1 人,技术负责人 1 名,秘书 1 名,软件工程师 5 名,测试工程师 3 名。

2.4.2 需求分析

1. 系统功能概述

干部档案人事管理系统是对事业单位员工基本信息和档案信息进行管理的信息系统,其主要功能性需求包括:新建普通用户;员工信息的录入、查询、编辑;正本目录录入、编辑、打印;系统数据的管理和设置,等等。

系统主要操作流程包括:超级管理员新建普通用户,并为其分配相应权限;普通用户登录系统后,系统会根据普通用户的权限向用户开放相应功能。

2. 用例图描述

本系统是单机版软件系统,用户包括超级管理员和普通用户。超级管理员的权限是创建普通用户,并为普通用户分配权限;普通用户是系统的使用者,权限包括信息录入和编辑、信息查询、打印、数据库维护等。普通用户可以有多个,每个普通用户可以拥有一项或多项权限。下面使用用例模型来描述系统需求。

(1)超级管理员。超级管理员具有最高权限,他的职能是用户管理,包括新建用户、编辑用户、权限分配、查询用户、注销用户等。超级管理员用例图如图 2-4-1 所示。

新建用户:用户是系统的使用者,在系统使用前,超级管理员必须为系统新建一个或多个用户,用户信息包括用户名、姓名、部门、权限等,初始密码为默认值,用户可以自行修改。新建成功后,该用户可以在自身的权限范围内对系统进行操作。

编辑用户:超级管理员编辑用户信息。

查询用户:根据查询条件查询用户信息。

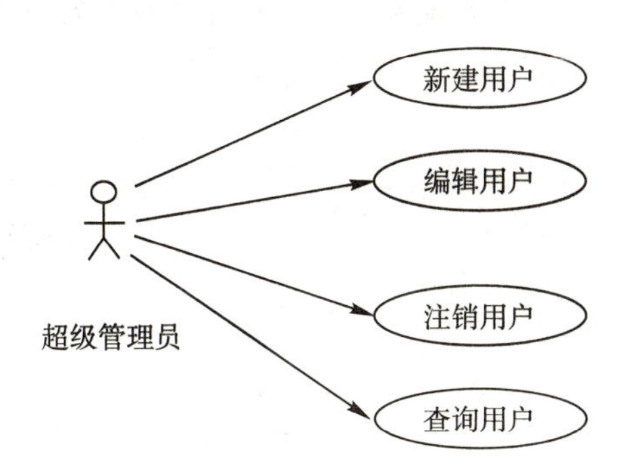

图 2-4-1　超级管理员用例图

(2)普通用户。普通用户是系统的使用者,一个系统可以有多名普通用户。普通用户根据自身的权限进行相应的操作,权限包括信息录入和编辑、信息查询、打印、数据库维护等,每个普通用户拥有其中的一项或多项权限。普通用户用例图如图 2-4-2 所示。

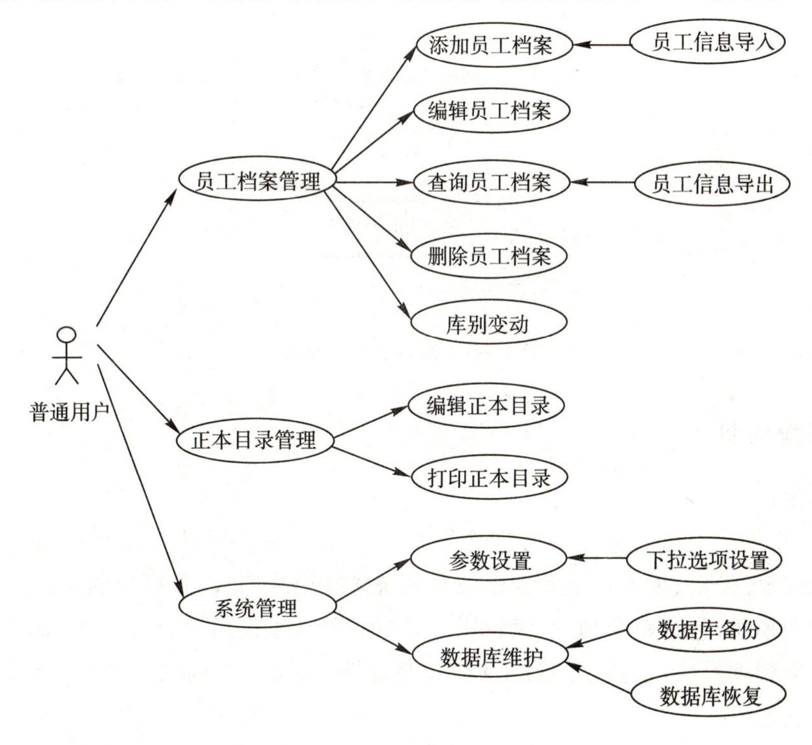

图 2-4-2　普通用户用例图

员工档案管理:主要是对员工档案信息进行管理。员工档案信息包括基本信息、学习经历信息、工作经历信息、专业技术职务信息、奖惩信息、家庭情况信息等。管理功能包括添加员工档案、编辑员工档案、查询员工档案、删除员工档案、库别变动、员工信息的导入和导出等。

正本目录管理:正本目录是员工档案材料的电子目录,每个员工对应一个正本目录,便于管理人员对员工档案材料的管理。正本目录管理包括编辑正本目录和打印正本目录。

系统管理：系统在安装后，需要管理和维护，包括参数设置和数据库维护等。参数设置主要是系统下拉选项设置，数据库维护主要是数据库的备份和数据库的恢复。

3. 业务流程分析

系统用户包括两种：超级管理员和普通用户。普通用户是系统真正的使用者，但普通用户必须经超级管理员创建才能生成。系统业务流程如图 2-4-3 所示。

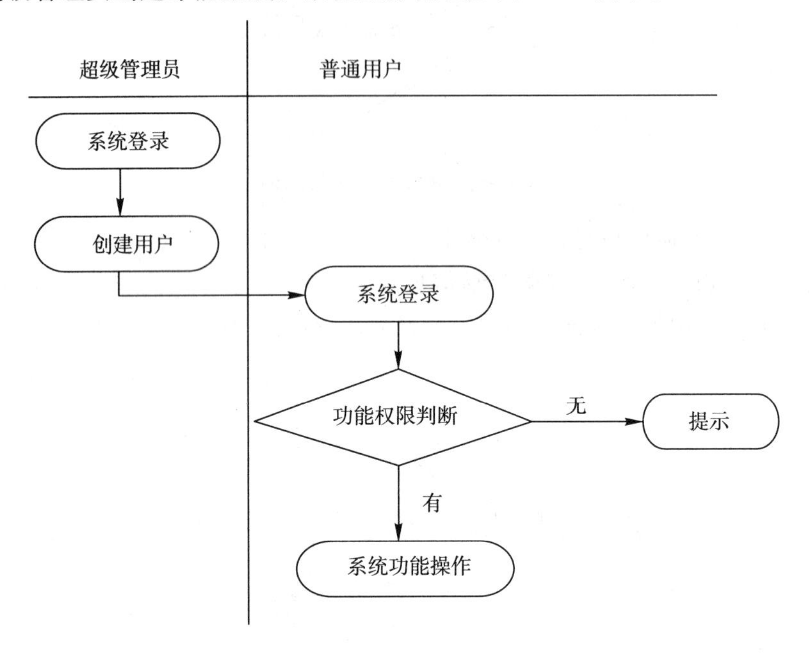

图 2-4-3 系统业务流程图

2.4.3 系统设计

1. 总体设计

(1)项目规划。干部档案人事管理系统是一个基于单机版的应用软件，由用户管理模块、员工档案管理模块、正本目录管理模块和系统管理模块组成，各模块的功能如下：

用户管理模块：包括新建用户、编辑用户、注销用户、查询用户、修改密码等功能。

员工档案管理模块：包括添加员工档案、编辑员工档案、查询员工档案、删除员工档案、库别变动等功能。

正本目录管理模块：包括编辑正本目录和打印正本目录等功能。

系统管理模块：包括下拉菜单设置、数据库备份和数据库恢复等功能。

(2)功能结构图。系统包括四个模块：用户管理模块、员工档案管理模块、正本目录管理模块和系统管理模块。功能结构图如图 2-4-4 所示，用户管理模块针对超级管理员，其余模块针对普通用户。

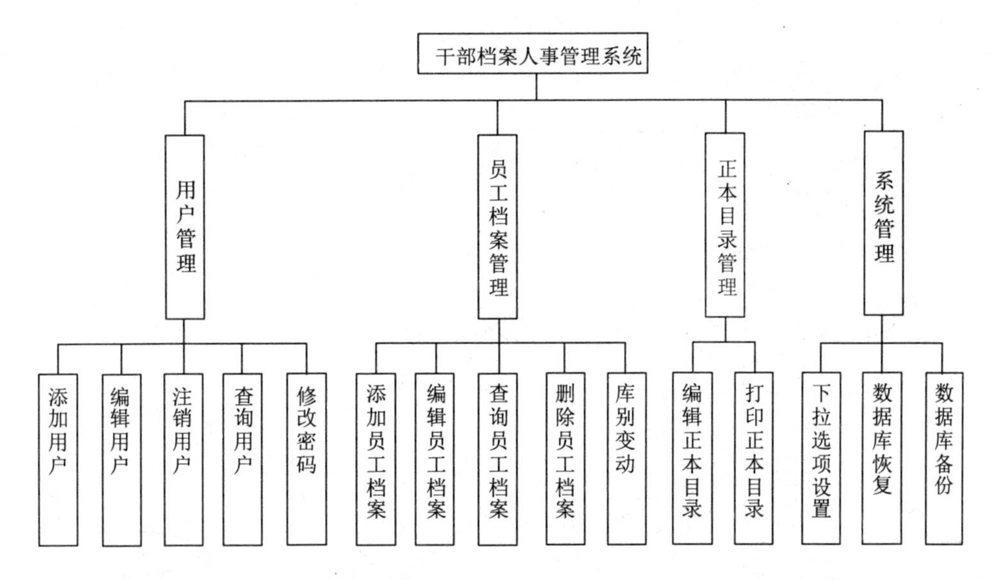

图 2-4-4　系统功能结构图

2. 数据库设计

(1)数据库需求分析。依据项目功能需求,数据库表设计如下:

用户表:用于保存系统管理员信息。

基本信息表:用于保存员工档案基本信息。

学习经历表:用于保存员工学习经历信息。

工作经历表:用于保存员工工作经历信息。

专业技术职务表:用于保存员工专业技术职务信息。

奖惩情况表:用于保存员工奖惩情况信息。

家庭成员信息表:用于保存员工家庭成员信息。

类别信息表:用于保存民族、职称、学历、政治面貌、部门等信息。

正本目录表:用于保存员工档案材料目录信息。

(2)E-R 图。数据库主要存放员工档案信息,员工档案信息包括学习经历、工作经历、职称、奖惩情况、家庭成员、正本目录等。这些信息与员工都是多对一的关系,E-R 图如图2-4-5 所示。

(3)数据库表设计。本系统使用 ACCESS 数据库,数据库表名称为 FMS,主要数据库表描述如下:

①Files_Info(员工信息表),主要存储员工基本信息,表结构如表 2-4-1 所示。

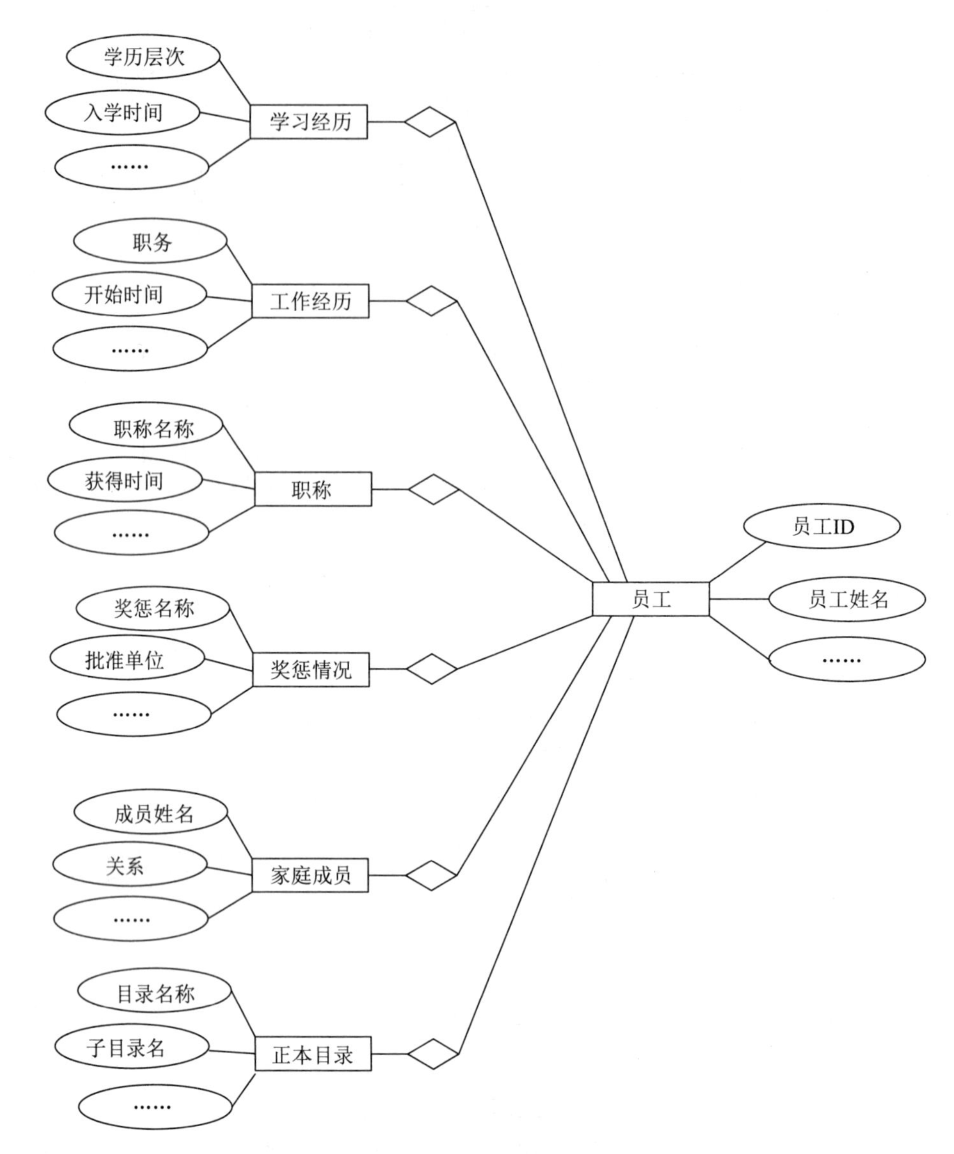

图 2-4-5　数据库 E-R 图

表 2-4-1　员工信息表

字段名	数据类型	长度	是否主键	描述
ID	数字	10	是	自动编号
staff_Name	文本	40	否	员工姓名
files_No	数字	10	否	档案编号
staff_Sex	数字	40	否	性别 ID
staff_Nation	数字	40	否	民族 ID
staff_NatPlace	文本	40	否	籍贯

续表

字段名	数据类型	长度	是否主键	描述
staff_BirPlace	文本	40	否	出生地
staff_EduBack	数字	10	否	学历 ID
staff_Degree	数字	10	否	学位 ID
staff_Birth	文本	20	否	出生日期
staff_WorkDate	文本	20	否	工作时间
staff_PoliticalStatus	数字	10	否	政治面貌 ID
staff_JoinPartyDate	文本	20	否	入党时间
staff_Depart	数字	10	否	部门 ID
staff_TeachResearch	数字	10	否	研究室 ID
staff_Post	数字	10	否	职务 ID
staff_PostDate	日期	20	否	取得职务时间
staff_ProfessionalRank	数字	10	否	职称 ID
staff_ProfessionalRankDate	日期	20	否	取得职称时间
staff_IdentityCard	文本	20	否	身份证号码
staff_Health	文本	20	否	健康状况
staff_Cate	数字	20	否	库别 ID
staff_InCateTime	日期	20	否	库别变动时间
remark	备注	400	否	备注
staff_Photo	OLE 对象	40	否	照片
input_ID	数字	10	否	录入者 ID
input_Time	日期/时间	40	否	录入时间
status	数字	10	否	记录状态位，1 可用，0 不可用(表示删除)

②Files_LearnExperience(学习经历表)，用于存储员工学习经历信息，表结构如表 2-4-2 所示。

表 2-4-2　学习经历表

字段名	数据类型	长度	是否主键	描述
ID	数字	10	是	自动编号
staff_ID	数字	10	否	员工 ID
le_Certify	文本	20	否	证明人
le_EduRank	数字	10	否	学历层次 ID
le_StartTime	文本	20	否	入学时间

续表

字段名	数据类型	长度	是否主键	描述
le_EndTime	文本	20	否	毕业时间
le_School	文本	40	否	学校名称
le_Profession	文本	40	否	所学专业
le_GraduateStatus	数字	10	否	学业完成情况 ID
input_ID	数字	10	否	录入者 ID
input_Time	日期/时间	20	否	录入时间
status	数字	10	否	记录状态位,1 可用,0 不可用(表示删除)

③Files_WorkExperience(工作经历表),用于存储员工工作经历信息,表结构如表 2-4-3 所示。

表 2-4-3 工作经历表

字段名	数据类型	长度	是否主键	描述
ID	数字	10	是	自动编号
staff_ID	数字	10	否	员工 ID
we_StartTime	文本	20	否	工作开始时间
we_EndTime	文本	20	否	工作结束时间
we_Post	文本	40	否	职务
we_Certify	文本	20	否	证明人
input_ID	数字	10	否	录入者 ID
input_Time	日期/时间	20	否	录入时间
status	数字	10	否	记录状态位,1 可用,0 不可用(表示删除)

④Files_ProfessionalRank(专业技术职务表),用于保存员工职称信息,表结构如表 2-4-4 所示。

表 2-4-4 专业技术职务表

字段名	数据类型	长度	是否主键	描述
ID	数字	10	是	自动编号
staff_ID	数字	10	否	员工 ID
pr_Date	日期	20	否	获得资格时间
pr_ProfessionalRank	数字	20	否	专业技术职务 ID
pr_ApprovOrganize	文本	40	否	审批机关
input_ID	数字	10	否	录入者 ID

续表

字段名	数据类型	长度	是否主键	描述
input_Time	日期/时间	20	否	录入时间
status	数字	10	否	记录状态位,1 可用,0 不可用(表示删除)

⑤Files_RewardPenalize(奖惩情况表),用于存储员工所获奖励/惩罚信息,表结构如表 2-4-5 所示。

表 2-4-5　奖惩情况表

字段名	数据类型	长度	是否主键	描述
ID	数字	10	是	自动编号
staff_ID	数字	10	否	员工 ID
rp_Time	日期	20	否	奖惩时间
rp_Place	文本	40	否	奖惩地点
rp_Name	文本	40	否	奖惩名称
rp_Reason	文本	100	否	奖惩原因
rp_Approved	文本	40	否	批准单位
rp_Category	数字	10	否	奖惩类别 ID
input_ID	数字	10	否	录入者 ID
input_Time	日期/时间	20	否	录入时间
status	数字	10	否	记录状态位,1 可用,0 不可用(表示删除)

⑥Files_Family(家庭成员信息表),用于存储员工家庭成员信息,表结构如表 2-4-6 所示。

表 2-4-6　家庭成员信息表

字段名	数据类型	长度	是否主键	描述
ID	数字	10	是	自动编号
staff_ID	数字	10	否	员工 ID
fa_Relation	日期	20	否	与成员的关系
fa_Name	文本	20	否	成员姓名
fa_Birth	文本	20	否	成员出生年月
fa_PoliticalStatus	文本	10	否	政治面貌 ID
fa_WorkPlace	文本	40	否	工作单位
input_ID	数字	10	否	录入者 ID
input_Time	日期/时间	20	否	录入时间
status	数字	10	否	记录状态位,1 可用,0 不可用(表示删除)

⑦Files_List(正本目录信息表),用于存储员工材料目录信息,表结构如表 2-4-7 所示。

表 2-4-7 正本目录信息表

字段名	数据类型	长度	是否主键	描述
ID	数字	10	是	自动编号
staff_ID	数字	10	否	员工 ID
fl_CateID	数字	20	否	目录大类序号
fl_CateName	文本	20	否	目录大类名称
fl_SubCateID	数字	20	否	目录子类序号
fl_SubCateName	文本	10	否	目录子类名称
fl_Year	文本	40	否	录入年份
fl_Month	文本	10	否	录入月份
fl_Day	文本	10	否	录入日期
fl_Count	数字	10	否	份数
fl_Pages	数字	10	否	页数
fl_Remark	文本	20	否	备注
input_ID	数字	10	否	录入者 ID
input_Time	日期/时间	20	否	录入时间

⑧Cate(类别信息表):用于存储民族、职称、学历、政治面貌、部门等信息,表结构如表 2-4-8 所示。

表 2-4-8 类别信息表

字段名	数据类型	长度	是否主键	描述
ID	数字	10	是	自动编号
parentID	数字	10	否	父类 ID,大类的父类 ID 为 0
cateName	文本	20	否	类型名称
cateSort	数字	20	否	排序
input_ID	数字	10	否	录入者 ID
input_Time	日期/时间	20	否	录入时间
status	数字	10	否	记录状态位,1 可用,0 不可用(表示删除)

2.4.4 系统实现

1. 系统登录

系统用户类型有两种:超级管理员和普通用户。登录界面如图 2-4-6 所示,在登录界面中输入用户名和密码,点击“登录”按钮后,系统将对登录者进行身份有效性验证,如果用户名和密码有误，则将给出错误原因提示。验证成功后，系统根据用户权限进入相应的管理界面。

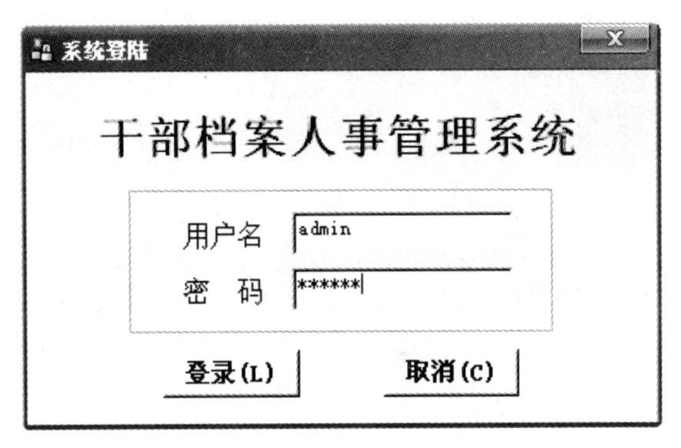

图 2-4-6　系统登录界面

```
//代码示例
Private Sub cmdLogin_Click()
    UserName = CStr(Trim(txtUserName.Text))
    PassWord = CStr(Trim(txtPassWord.Text))
    If UserName = Empty Then                              '//判断用户名是否为空
        If (MsgBox("用户名不能为空", vbOKOnly, "登录失败") = vbOK) Then
            txtUserName.SetFocus
        EndIf
            Exit Sub
    End If
    If PassWord = Empty Then                              '//判断密码是否为空
        If (MsgBox("密码不能为空", vbOKOnly, "登录失败") = vbOK) Then
            txtPassWord.SetFocus
        EndIf
    Exit Sub
    End If
    strSql = "select * from [user] where userName= '" & UserName & "'"
    Rs.Open strSql, DBCON, adOpenKeyset, adLockPessimistic, adCmdText
    If Rs.RecordCount <> 0 Then                           '//判断记录集记录条数是否为0
        If Trim(txtPassWord.Text) = Rs.Fields("userPassword") Then
            UserID = Rs.Fields("ID")
            UserAuthority = ConvertAuthority(Rs.Fields("userAuthority"))
            Call checkAuthority(Rs.Fields("userAuthority"))  '//检查登录者权限
            Unload Me
            MDIFrmMain.Show                               '//显示主窗
        Else
            MsgBox "密码错误!", vbExclamation, "登录失败"
            txtPassWord.SetFocus
            txtPassWord.Text = ""
```

```
        End If
    Else
        MsgBox "用户名错误!", vbExclamation, "登录失败"
        txtUserName.SetFocus
        txtPassWord.Text = ""
    End If
    Rs.Close
End Sub
```

主界面是系统的中央控制界面,如图 2-4-7 所示。它汇集了系统的所有管理功能,包括用户管理、员工档案、正本目录、干部任免审批、系统管理等功能菜单。

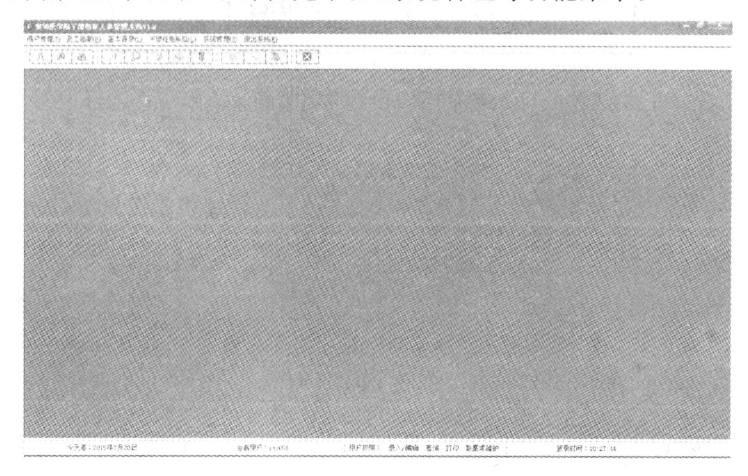

图 2-4-7 系统主界面

2. 添加用户

普通用户是系统的使用者,普通用户的操作权限包括录入/编辑、查询、打印、数据库维护等。每个用户可以有一项或者多项操作权限。普通用户的创建需要超级管理员来完成,创建界面如图 2-4-8 所示。普通用户信息包括用户名、姓名、部门、权限等。

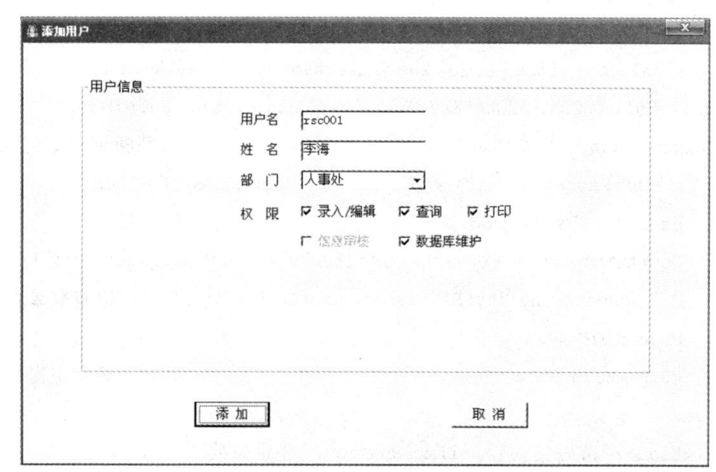

图 2-4-8 添加用户界面

```
Private Sub cmdAdd_Click()
    '用户名项检查
    If Trim(txtUserName.Text) = Empty Then
        MsgBox "用户名不能为空！", vbExclamation + vbOKOnly, "必填警告"
        txtUserName.SetFocus
        Exit Sub
    End If
    '姓名项检查
    If Trim(txtUserFullName.Text) = Empty Then
        MsgBox "姓名不能为空！", vbExclamation + vbOKOnly, "必填警告"
        txtUserFullName.SetFocus
        Exit Sub
    End If
    '部门项检查
    If VoidCmbCheck(cmbStaffDepart, "请选择部门！") = True Then Exit Sub
    '权限项检查
    If getAuthority = "" Then
        MsgBox "请为用户选择权限！", vbExclamation + vbOKOnly, "必填警告"
        Exit Sub
    End If
    '//检查用户名是否存在，若存在，则给出提示信息
    If cmdAdd.Caption = "添 加" Then
        Dim uName As String
        uName = Trim(txtUserName.Text)                    '//用户名
        strSql = "select * from [User] where status=1 and userName= '" & uName & "'"
        Rs.Open strSql, DBCON, adOpenKeyset, adLockPessimistic, adCmdText
        If Rs.RecordCount <> 0 Then                      '//判断记录集记录条数是否为 0
            MsgBox "该用户名已存在！", vbInformation + vbOKOnly, "提示信息"
            txtUserName.SetFocus
            Rs.Close
            Exit Sub
      End If
      Rs.Close
    End If
    If cmdAdd.Caption = "添 加" Then                     //添加新用户
        Rs.Open "[User]", DBCON, adOpenKeyset, adLockPessimistic, adCmdTable
        Rs.AddNew                                        '//在记录集中添加一行新记录
        Rs.Fields("userName").Value = Trim(txtUserName.Text)    '//用户名
        Rs.Fields("userFullName").Value = Trim(txtUserFullName.Text)        '//姓名
        Rs.Fields("userDepart").Value = geSubCateID(cmbStaffDepart.Text, "部门") '//部门
        Rs.Fields("userAuthority").Value = getAuthority  '//权限
        Rs.Update                                        '//更新记录
        Rs.Close
```

```
        MsgBox "用户添加成功!", vbInformation, "添加成功"
        Unload Me
    Else                                                    //修改用户
        strSql = "select * from [User] where ID= " & uIDTrans
        Rs.Open strSql, DBCON, adOpenKeyset, adLockPessimistic, adCmdText
        Rs.Fields("userFullName").Value = Trim(txtUserFullName.Text)          '//姓名
        Rs.Fields("userDepart").Value = geSubCateID(cmbStaffDepart.Text, "部门")    '//部门
        Rs.Fields("userAuthority").Value = getAuthority   '//权限
        Rs.Update                                          '//更新记录集
        MsgBox "用户信息修改成功", vbInformation, "用户修改"
        Rs.Close
        Unload Me
        uNameTrans = ""
        frmQueryUser.Show
    End If
End Sub
```

3. 用户查询

系统提供组合条件查询,查询条件包括用户名、姓名、部门、权限等,输入任何一种组合都能进行相关查询,并且用户名和姓名支持模糊查询,提高了系统的可操作性和灵活性。用户查询界面如图 2-4-9 所示,查询信息显示在界面的下方。

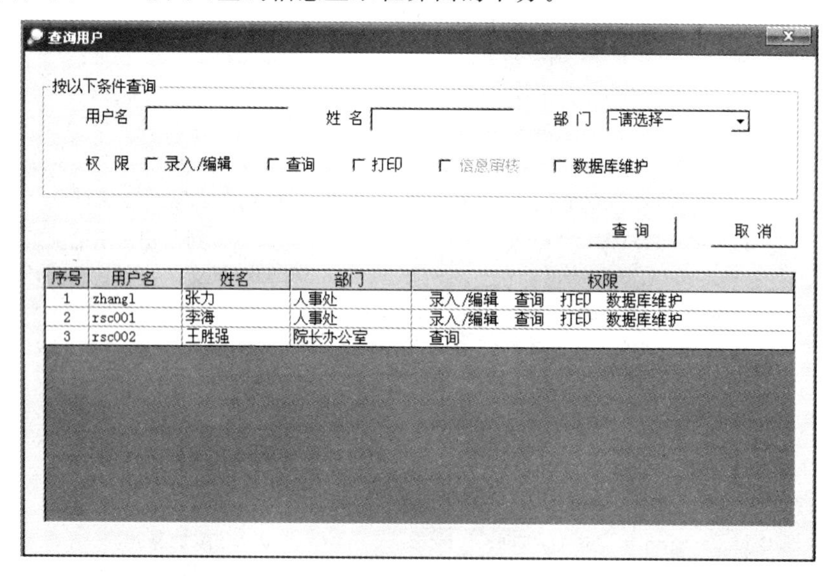

图 2-4-9 用户查询界面

```
Private Sub cmdQuery_Click()
    strSql = "select ID, "
    strSql = strSql & "u.userName,"
    strSql = strSql & "u.userFullName,"
    strSql = strSql & "(select c1.cateName from Cate c1 where c1.status=1 and c1.ID =
        u.userDepart) as userDepart,"
```

```
    strSql = strSql & "u.userAuthority "
    strSql = strSql & "from [User] u "
    strSql = strSql & "where u.status=1 and u.userName <> 'admin' "
    If Trim(txtUserName.Text) <> "" Then
        strSql = strSql & "and userName like '%" & txtUserName.Text & "%' "
    End If
        If Trim(txtUserFullName.Text) <> "" Then
            strSql = strSql & "and userFullName like '%" & txtUserFullName.Text & "%' "
        End If
    '部门
    If cmbStaffDepart.Text <> "一请选择一" Then
        strSql = strSql&"and u.userDepart="&geSubCateID(cmbStaffDepart.Text, "部门")
    End If
    If Check1(0) = Checked Then strSql = strSql & " and userAuthority like '%,01%' "
    If Check1(1) = Checked Then strSql = strSql & " and userAuthority like '%,02%' "
    If Check1(2) = Checked Then strSql = strSql & " and userAuthority like '%,03%' "
    If Check1(3) = Checked Then strSql = strSql & " and userAuthority like '%,04%' "
    If Check1(4) = Checked Then strSql = strSql & " and userAuthority like '%,05%' "
    Call ShowGrid(strSql)          '获取用户明细资料,并填入 grid 表格中
End Sub
' ShowGrid 过程代码如下:
Private Sub ShowGrid(str)
    Rs.Open strSql, DBCON, adOpenKeyset, adLockPessimistic, adCmdText
    msGrid.rows = 1
    i = 0
    Do While Not Rs.EOF
        i = i + 1
        msGrid.rows = msGrid.rows + 1
        msGrid.TextMatrix(i, 0) = Rs.Fields("ID")
        msGrid.TextMatrix(i, 1) = i
        For j = 1 To 3
            If IsNull(Rs.Fields(j)) Then
                msGrid.TextMatrix(i, j + 1) = ""
            Else
                msGrid.TextMatrix(i, j + 1) = CStr(Rs.Fields(j))
            End If
        Next
        msGrid.TextMatrix(i, 5) = ConvertAuthority(Rs.Fields(4))
        Rs.MoveNext
    Loop
    Rs.Close
End Sub
```

4. 添加员工信息

员工信息包括基本信息、学习经历、工作经历、专业技术职务、奖惩情况、家庭成员等，每个信息都对应一个数据库表。由于篇幅限制，下面仅以员工基本信息为例讲解员工信息的添加过程。基本信息添加界面如图 2-4-10 所示。

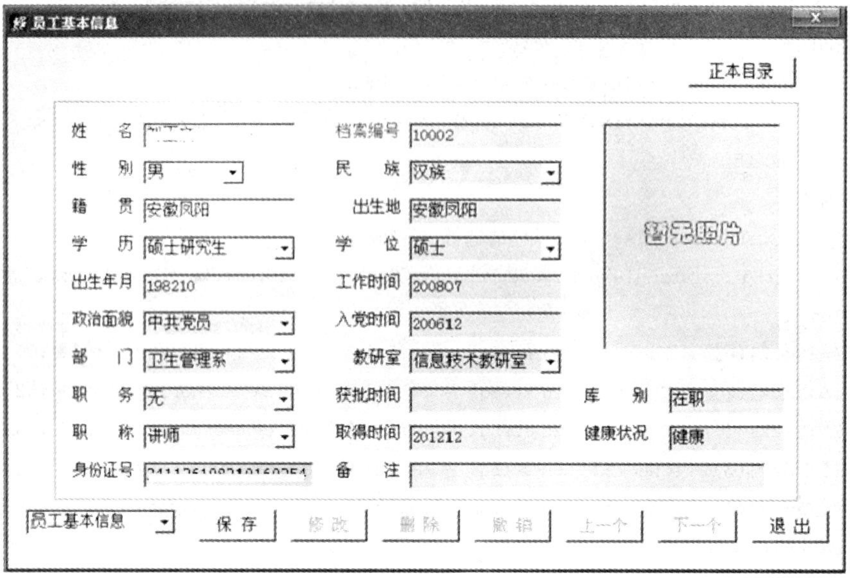

图 2-4-10 添加员工信息界面

```
Private Sub cmdSave_Click()
    '新增员工
    If opStatus = 1 And ba_Status = 1 Then
        '检查数据库中是否存在此员工
        Dim IdentityCard As String, sName As String
        IdentityCard = Trim(txtStaffIdentityCard.Text)        '//身份证号
        sName = Trim(txtStaffName.Text)
        strSql = "select * from Files_Info where status=1 and staff_IdentityCard= '" &
IdentityCard & "' and staff_Name = '" & sName & "'"
        Rs.Open strSql, DBCON, adOpenKeyset, adLockPessimistic, adCmdText
        If Rs.RecordCount <> 0 Then    '//判断记录集记录条数是否为 0
            MsgBox "该员工已存在,请核对姓名及身份证号码", vbOKOnly, "提示"
            Rs.Close
            txtStaffName.SetFocus
            Exit Sub
        Else
            Rs.Close
        End If
        '//信息写入数据库
        Rs.Open "Files_Info", DBCON, adOpenKeyset, adLockPessimistic, adCmdTable
        Rs.AddNew      '//在记录集中添加一行新记录
```

```
        Rs.Fields("staff_Name").Value = Trim(txtStaffName.Text)      '//职工姓名
        Rs.Fields("files_No").Value = Trim(txtFilesNo.Text)      '//档案号

        Rs.Fields("staff_Sex").Value = geSubCateID(cmbStaffSex.Text, "性别")
        Rs.Fields("staff_Nation").Value = geSubCateID(cmbStaffNation.Text, "民族")
        Rs.Fields("staff_NatPlace").Value = Trim(txtStaffNatPlace.Text)      '//籍贯
        Rs.Fields("staff_BirPlace").Value = Trim(txtStaffBirPlace.Text)      '//出生地
        Rs.Fields("staff_EduBack").Value = geSubCateID(cmbStaffEduBack.Text,"学历")
        Rs.Fields("staff_Degree").Value = geSubCateID(cmbStaffDegree.Text, "学位")
        Rs.Fields("staff_Birth").Value = Trim(txtStaffBirth.Text)      '//出生日期
'//工作时间
        Rs.Fields("staff_WorkDate").Value = Trim(txtStaffWorkDate.Text)
        Rs.Fields("staff_PoliticalStatus").Value = geSubCateID(cmbPoliticalStatus.Text,
"政治面貌")
'//入党时间
        Rs.Fields("staff_JoinPartyDate").Value = Trim(txtStaffJoinPartyDate.Text)
        Rs.Fields("staff_Depart").Value = geSubCateID(cmbStaffDepart.Text, "部门")
        Rs.Fields("staff_TeachResearch").Value = geSubCateID(cmbTeachResearch.Text,
"教研室")
        Rs.Fields("staff_Post").Value = geSubCateID(cmbStaffPost.Text, "职务")
        Rs.Fields("Staff_PostDate").Value = Trim(txtStaffPostDate.Text) '职务获批时间
        Rs.Fields("staff_ProfessionalRank").Value=geSubCateID(cmbStaffProfessionalRank.
Text,"职称")  '//职称取得时间
    Rs.Fields("staff_ProfessionalRankDate").Value=txtStaffProfessionalRankDate
        Rs.Fields("staff_IdentityCard").Value=Trim(txtStaffIdentityCard.Text)'//身份证号
        Rs.Fields("staff_Health").Value = Trim(txtStaffHealth.Text)      '//健康状况
        Rs.Fields("staff_Cate").Value = geSubCateID(txtStaffCate.Text, "库别")

        Rs.Fields("remark").Value = txtRemark.Text      '//备注
        Rs.Fields("input_ID").Value = UserID
        Rs.Update      '更新记录
        staffName = Trim(txtStaffName.Text)
        staffID = Rs("ID")
        maxStaffID = staffID      '最大的 ID
        Rs.Close
        MsgBox "员工基本信息添加成功", , "添加成功"
        cmdSave.Caption = "新 增"
        cmdModify.Enabled = True
        cmdDel.Enabled = True
        cmdCancel.Enabled = False
        Call BackColorFormControl(&HC0FFFF)
        Call LockFormControl(True)
    End If
```

```
        Call cmdUpNextShowCon
        cmdFileList.Enabled = True
    End Sub
```

5. 正本目录

正本目录是员工档案材料的电子目录，界面如图 2-4-11 所示。目录的编辑区是表格结构。目录包含十大类：履历材料、自传、鉴定考核材料、学历职称材料、政审材料、党团材料、奖励材料、处分材料、任免工资出国等以及其他有价值材料。通过界面下方的按钮可以对目录内容进行添加、插入、删除、清空、移动、打印等操作。

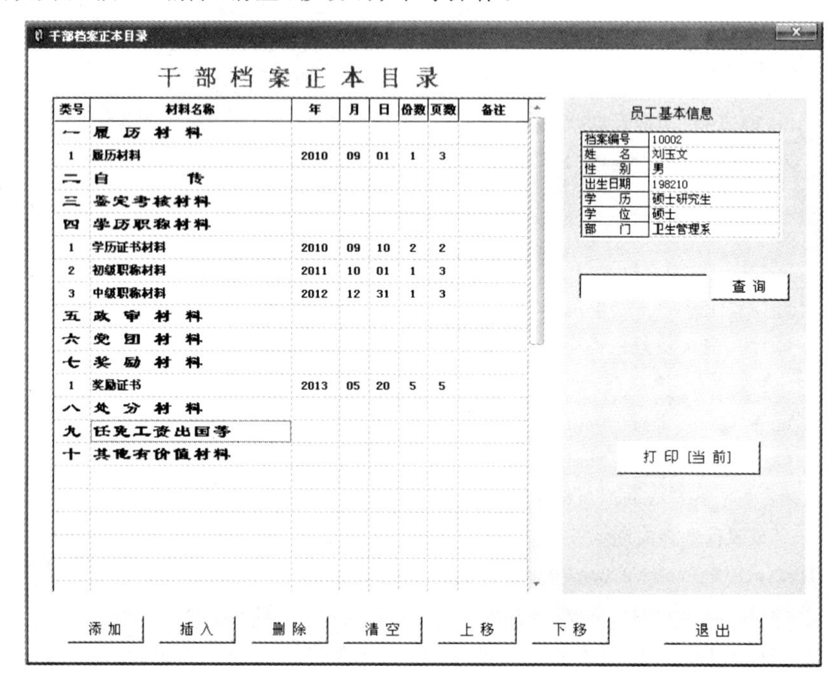

图 2-4-11 正本目录

```
    Private Sub cmdNew_Click()
        If listStaffID = 0 Then
            MsgBox "请查询出相应的员工!", vbInformation + vbOKOnly, "信息提示"
            txtQuery.SetFocus
            Exit Sub
        End If
        If Grid1.ActiveCell.Row < 1 Then Exit Sub
        Grid1.Cell(Grid1.rows - 1, 1).alignment = cellCenterCenter
        If Grid1.Cell(getUpCateRow(Grid1.ActiveCell.Row), 1).Text = "十" Then
            lR = getLastRow(Grid1.rows - 1)
            Call Grid1.InsertRow(lR + 1, 1)
            Grid1.Cell(lR + 1, 1).Text = Val(Grid1.Cell(lR, 1).Text) + 1
            Grid1.Cell(lR + 1, 2).SetFocus
        Else
            DCR = getDownCateRow(Grid1.ActiveCell.Row)
```

```
        Call Grid1.InsertRow(DCR + 1, 1)
        Grid1.Cell(DCR + 1, 1).Text = Val(Grid1.Cell(DCR, 1).Text) + 1
        Grid1.Cell(DCR + 1, 2).SetFocus
    End If
    If inCate(Grid1.Cell(Grid1.ActiveCell.Row - 1, 1).Text) = True Then
        For j = 1 To 8
            Grid1.Cell(Grid1.ActiveCell.Row, j).Font.Size = 9
            Grid1.Cell(Grid1.ActiveCell.Row, j).Font.Name = "宋体"
            Grid1.Cell(Grid1.ActiveCell.Row, j).Locked = False
        Next j
    End If
    Call saveGrid
    Call lockedLastVoidRow(Grid1.rows - 1)
End Sub
```

6. 员工查询

系统提供组合条件查询，查询字段包括姓名、性别、部门、教研室等，通过手工输入查询条件进行员工信息查询，支持模糊查询，比如姓名、身份证号码和档案编号，从而提高查询的灵活性和可操作性。员工查询界面如图 2-4-12 所示。

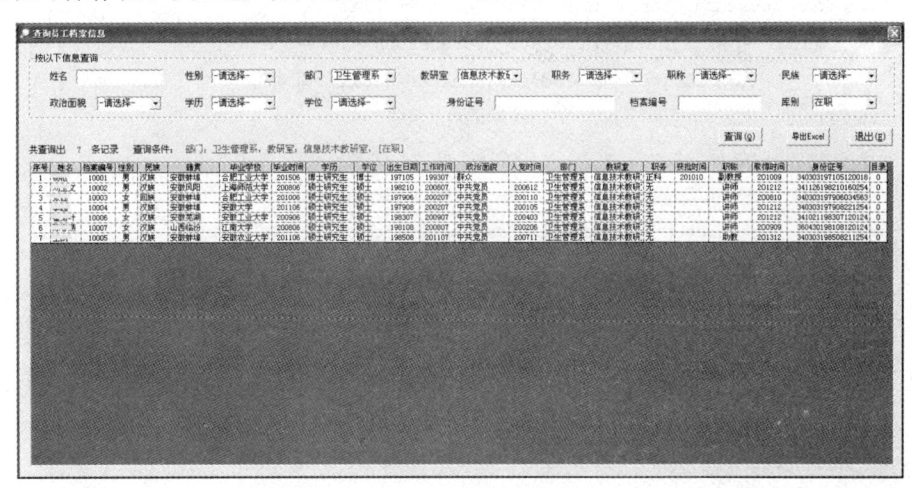

图 2-4-12　员工查询界面

```
Private Sub cmdQuery_Click()
    lbQuery.Caption = ""
    Call Sqlstr
    If Trim(txtStaffName.Text) <> "" Then        '姓名
        strSql = strSql & "and staff_Name like '%" & Trim(txtStaffName.Text) & "%'"
    End If
    If cmbSex.Text <> "一请选择一" Then
        strSql = strSql & "and staff_sex=" & geSubCateID(cmbSex.Text, "性别")
    End If
    If cmbNation.Text <> "一请选择一" Then
```

```
        strSql = strSql & "and f.staff_Nation=" & geSubCateID(cmbNation.Text, "民族")
    End If
    If cmbEduBack.Text <> "一请选择一" Then
        strSql=strSql&"and f.staff_EduBack="& geSubCateID(cmbEduBack.Text,"学历")
    End If
    If cmbDegree.Text <> "一请选择一" Then
        strSql = strSql & "and f.staff_Degree=" & geSubCateID(cmbDegree.Text, "学位")
    End If
    If cmbDepart.Text <> "一请选择一" Then
        strSql = strSql & "and f.staff_Depart=" & geSubCateID(cmbDepart.Text, "部门")
    End If
    If cmbTeachResearch.Text <> "一请选择一" Then
        strSql = strSql & "and f.staff_TeachResearch=" &
                geSubCateID(cmbTeachResearch.Text, "教研室")
    End If
    If cmbPost.Text <> "一请选择一" Then
        strSql = strSql & "and f.staff_Post=" & geSubCateID(cmbPost.Text, "职务")
    End If
    If cmbProfessionalRank.Text <> "一请选择一" Then
        strSql = strSql & "and f.staff_ProfessionalRank=" &
                geSubCateID(cmbProfessionalRank.Text, "职称")
    End If
    If cmbPoliticalStatus.Text <> "一请选择一" Then
        strSql = strSql & "and f.staff_PoliticalStatus=" &
                geSubCateID(cmbPoliticalStatus.Text, "政治面貌")
    End If
    If Trim(txtStaffIdentityCard.Text) <> "" Then
        strSql = strSql & "and f.staff_IdentityCard='" & txtStaffIdentityCard.Text & "' "
    End If
    If Trim(txtFilesNo.Text) <> "" And IsNumeric(Trim(txtFilesNo.Text)) Then
        strSql = strSql & "and f.files_No=" & txtFilesNo.Text
    ElseIf Trim(txtFilesNo.Text) <> "" Then
        MsgBox "请正确填写档案编号!", vbInformation, "错误提示"
        txtFilesNo.SetFocus
        Exit Sub
    End If
    If Trim(cmbCate.Text) <> "一请选择一" Then
        strSql = strSql & " and f.staff_Cate=" & geSubCateID(cmbCate.Text, "库别")
    End If
    strSql = strSql & " order by f.staff_Cate asc , f.staff_Depart asc,f.staff_TeachResearch
                asc,f.staff_Post asc,f.staff_ProfessionalRank asc,files_No asc "
    GridShow (conStrSql)
End Sub
```

7. 库别变动

根据员工在岗性质不同，系统把员工信息分别存放在不同的库中，以便管理。库别变动模块提供了员工信息在不同库之间变动的功能，归根结底就是把员工信息从一个数据库转到另一个数据库，库别变动界面如图 2-4-13 所示。从左面信息框中选择要别动的人员，通过右移按钮“>>”把要变动的人员移动到右边的信息框中，录入操作时间后，点击“确定”完成库别变动操作。

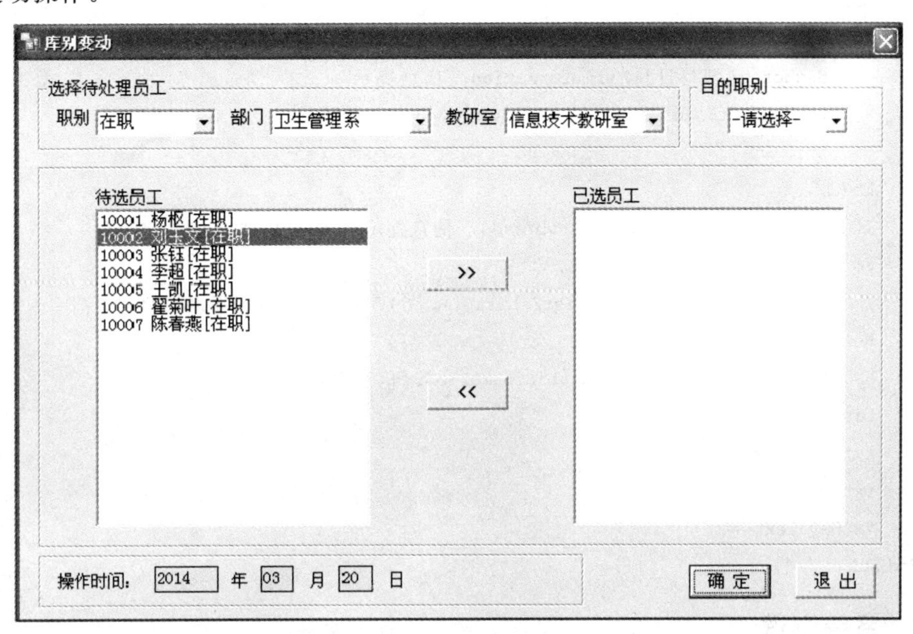

图 2-4-13　“库别变动”界面

```
Private Sub cmdConfirm_Click()
    If List2.ListCount = 0 Then
        MsgBox "已选员工列表为空！", vbInformation, "信息提示"
        Exit Sub
    End If
    If geSubCateID(cmbAimCate, "库别") = 0 Then
        MsgBox "目的职别有错，请核对！", vbInformation, "信息提示"
        cmbAimCate.SetFocus
        Exit Sub
    End If
    If cmbCate.Text = cmbAimCate.Text Then
        MsgBox "职别和目的职别不能相同，请核对！", vbInformation, "信息提示"
        cmbAimCate.SetFocus
        Exit Sub
    End If
    If txtYear.Text = "" Then
        MsgBox "请填写年份！, vbInformation, "信息提示"
        txtYear.SetFocus
```

```
        Exit Sub
    End If
    If txtMonth.Text = "" Then
        MsgBox "请填写月份!", vbInformation, "信息提示"
        txtMonth.SetFocus
        Exit Sub
    End If
    If txtDay.Text = "" Then
        MsgBox "请填写日!", vbInformation, "信息提示"
        txtDay.SetFocus
        Exit Sub
    End If
    If MsgBox("确定库别变动吗?", vbYesNo, "信息提示") = vbNo Then Exit Sub
    For i = 0 To List2.ListCount - 1
        Call modifyCate(Split(List2.List(i), " ")(0))   '//得到列表中的员工档案编号
    Next i
    MsgBox "员工库别变动成功!", vbInformation, "信息提示"
    List2.Clear
    txtYear.Text = ""
    txtMonth.Text = ""
    txtDay.Text = ""
End Sub
```

2.4.5 系统测试

干部档案人事管理系统的测试与2.3.5节所述的毕业论文管理系统测试类似,此处不再赘述。

2.4.6 系统运行与维护

1. 系统运行

生成安装文件:软件开发完毕后,需要生成安装文件,才可以安装在计算机上使用,生成安装文件分为两步:第一步生成exe文件;第二步使用打包生成工具生成安装文件。具体打包生成方法请参阅相关资料。

运行环境:操作系统为Windows XP以上版本。

2. 系统维护

系统的维护与2.3.6节所述类似,此处不再赘述。

第3章　网站规划课程设计

【教学内容】

以微软平台的WEB开发技术ASP.NET为例，通过留言板和新闻发布系统两个实例，介绍利用ASP.NET制作和开发网站的技术与基本方法。

【教学目标】

◆了解网站建设的技术和流程。
◆了解.NET平台。
◆掌握创建ASP.NET应用程序的步骤。
◆掌握ASP.NET创建数据库应用程序的基本方法。
◆掌握留言板结构的设计方法。
◆掌握新闻发布系统结构的设计方法。

3.1　网站的作用

网站(Website)是使用HTML等工具制作的、用于展示一些特定内容的网页集合，也称站点。人们通过网站可以发布各种各样的资源信息，或者享受网站提供的网络服务。每个网站和网页都可以通过超链接与其他网站或网页连接，从而形成了庞大的全球互联网。网站要着重突出政府机关、企事业单位或个人的特点，能够展示自身形象，并且注重浏览者的感受。以企业网站为例，网站可以起到以下作用：

(1)提升企业形象。企业可以将自身的信息放在网站上，达到展示企业实力、宣传企业经营理念和产品的目的。高质量的网站有助于树立一个良好的企业形象。

(2)实现网络化管理。在网络技术飞速发展的今天，企业的网络化管理已经成为一种趋势。在一个企业中，信息流、物流、资金流的管理需要一个比较规范和科学的流程。通过网络管理还可以提高效率、降低成本，如企业新闻通告、员工管理、采购管理、订货管理、客户管理等许多工作，都可以在网络管理系统上完成。

(3)与客户实现互动。客户通过网站上提供的产品、服务等信息，能够全面地了解企业和产品的相关情况，快速地联系企业、发表意见以及查看其他客户的信息等。通过网站，还有利于挖掘潜在的客户，全球各个地方的潜在客户只要搜索企业的网址，或者相关的关键字，就可以很容易地找到企业和相关的产品。

(4)开展电子商务。现有的业务系统一旦进入互联网平台，将创造更大的价值。目前，许多大型企业已利用互联网开展了电子商务业务，并享受到电子商务带来的巨大利益。例如，内部信息数据的及时交互，人员联系的日趋紧密，业务开展效率的明显提高，国际化成分的日益增加，大量门面与分支机构消减所带来的资金节约等。

以上仅列出企业网站的几个主要作用，基于不同的用户定位，网站作用的表现方式还存在明显差异。

网站建设是指由网络设计师使用各种网络程序开发技术和网页设计技术，为政府机关、企事业单位或个人在 Internet 上建立站点，提供域名注册和主机托管等服务。网站建设具体包括网站策划、网页设计、网站功能设计、网站内容设计、网站推广、网站评估、网站运营、网站整体优化等内容。

3.2 网站建设技术

3.2.1 网站分类

按照以下几种分类方法，可以把网站划分为不同类型。

根据不同编程语言可以分为 ASP 网站、PHP 网站、JSP 网站、ASP. NET 网站等。

根据网站不同的用途可以分为门户网站（综合网站）、行业网站、娱乐网站等。

根据网站不同的持有者可以分为政府网站、企业网站、个人网站等。

3.2.2 网站开发流程

网站开发作为一项系统工程，必须依据相应的开发流程，具体如表 3-1-1 所示。

表 3-1-1 网站开发流程

步骤	流程项	完成的工作
1	客户提出建设网站申请	客户提出要求，网站开发人员根据要求做需求分析
2	制定建设方案	客户和开发人员对网站内容进行修改、协商，由开发人员制定网站建设方案
3	签订网站相关协议	开发人员与客户签订网站建设合同
4	网站设计	开发人员设计网站的风格、框架与布局、网站 Logo、导航、首页效果等，做出示范网页，客户最终确认
5	网站建设	根据客户提供的文字、图片等资料，按照示范网页，通过平面软件设计出网页的效果，与客户沟通后，转换成网页，并添加按钮、表单以及数据库功能等。制作完成后，对网站进行测试
6	网站发布	网站制作完毕后，需要将其发布到互联网上。通过申请域名、购买空间，最后将网页上传

3.2.3 网站开发技术

静态网页是指扩展名为. htm 或. html，由 HTML 标记语言组成的网页。静态网页存放在 Web 服务器上，网页的内容已预先设计好。如果想修改内容，则必须修改源文件，再重新上传到 Web 服务器。

动态网页是指能够根据用户的需要和选择，进行不同的处理，并自动生成新页面，不再需要设计者手动更新 HTML 文档。动态网页主要由程序设计语言实现。

1. 静态网页开发技术

下面介绍几种常见的静态网页开发技术。

(1)基于 HTML(Hypertext Text Markup Language)超文本标记语言。HTML 由标记(Tag)与属性(Attribute)组成,主要的用途是编写网页,浏览器只要看到 HTML 标记与属性就能将其解析成网页。虽然 HTML 源文件为纯文本文件,但由于其包含指向定义多媒体元素的标记,故而网页上会产生图形、影像或声音等效果。

(2)基于 CSS(Cascading Style Sheets)层叠式样式表。CSS 是一种标记语言,可以精确地控制网页数据的编排、显示、格式化及特殊效果。当要更新许多风格一致的网页时,只需要让所有网页都使用一个 CSS 文件进行控制即可。

(3)基于 JavaScript 脚本语言。JavaScript 是受到 Java 的启发而设计的,是基于对象(Object)和事件驱动(Event Driven)并具有安全性能的脚本语言。由于它的开发环境简单,不需要 Java 编译器,可以直接运行在 Web 浏览器中,因而备受 Web 设计者的喜爱。

2. 动态网站开发技术

目前被广泛应用的动态网站开发技术主要有 ASP、JSP、PHP、ASP. NET 等,各种技术都有自身的特点和优势。

(1)ASP(Active Server Pages)。ASP 动态服务器页面是服务器端脚本编写环境,可以创建和运行动态、交互、高效的 Web 服务器应用程序。它没有提供专门的编程语言,是一种类似 HTML(超文本标识语言)、Script(脚本)与 ActiveX 的结合体。ASP 技术局限于微软的操作系统平台,主要工作环境为微软的 IIS 应用程序结构。

(2)JSP(Java Server Pages)。JSP 是基于 Java Servlet 以及整个 Java 体系的 Web 开发技术。JSP 是由 Sun Microsystems 公司倡导、多个公司参与建立的动态网页技术标准。JSP 技术类似于 ASP 技术,是在 HTML 文件中插入 Java 程序段和 JSP 标记而形成 JSP 文件。JSP 文件能在大部分的服务器上运行,且应用程序易于管理,安全性能较好。

(3)PHP(Hypertext Preprocessor)。PHP 即超文本预处理器,PHP 将脚本嵌入到 HTML 文档中,采用了 C、Java、Perl 等语言的语法,只需要很少的编程知识就可以建立一个交互的 Web 站点。由于 PHP 免费开放源代码,软件可以进行免费复制、编译,因此它深受广大编程者的喜爱。

(4)ASP. NET。ASP. NET 是一种建立动态 Web 应用程序的技术,面向新一代企业级的网络计算 Web 平台,是. NET 框架的一部分,可以使用任何. NET 兼容的语言编写应用程序。ASP. NET 是在服务器端依靠服务器编译执行程序代码的,比 ASP 执行速度快。本章设计的网站就是基于 ASP. NET 环境开发的。

3. 网页设计软件简介

Dreamweaver 是美国 Macromedia 公司开发的所见即所得的网页制作工具,用于网页制作和网站管理,其简洁实用的用户界面深受用户的喜爱。Dreamweaver 能够快速地创建充满动感的网页,而且生成的 HTML 源代码效率高,冗余代码少。

Photoshop 是功能强大的专业级图形图像处理软件,它功能完善,能够帮助用户创建高质量效果逼真的图像。Photoshop 具有简单直接的操作界面,使用起来方便快捷,并且能高效地设计页面布局。

Fireworks 是网页设计中专业的图形制作软件,用来创建和编辑位图、矢量图。它可以非常轻松地实现各种网页设计中常见的效果,并且快捷地输出 HTML 文件。

Flash 是矢量动画制作软件。使用 Flash 制作的动画,文件尺寸小,交互性强,可无损放大,并且可以带有音效。

Flash、Dreamweaver 和 Fireworks 并称为“网页三剑客”。

4. 数据库简介

在动态网站建设过程中,选择合适的数据库是一个关键的问题。下面介绍四种常用的数据库。

(1)Access。Access 是桌面型数据库管理系统,是 Office 办公软件的重要组件之一。开发人员无需编写任何代码,仅通过可视化操作就可以完成各种数据库操作。Access 不仅易于使用,而且界面友好,任何非专业的用户都能够使用它来创建数据库。

(2)SQL Server。SQL Server 是基于服务器端的中型数据库,适合大容量数据的应用。在处理数据的效率、后台开发的灵活性、可扩展性等方面都很强大,并且不限定数据库的大小。SQL Server 还有更多的扩展,可以用于存储过程等。本章网站数据库的设计就选用 SQL Server。

(3)MySQL。MySQL 是瑞典 MySQL AB 公司开发的小型关系型数据库管理系统,它被广泛地应用到 Internet 上的中小型网站。由于 MySQL 速度快,成本低,源代码开放,因此许多中小型网站选择 MySQL 作为网站数据库。

(4)Oracle。Oracle 是一个对象关系型数据库管理系统,它提供开放、全面和集成的信息管理方法。Oracle 不仅具有完整的数据库管理功能,还支持分布式功能。Oracle 提供了一套界面友好、功能完善的数据库开发工具,几乎包含了所有的数据库技术,被认为是企业级主选数据库之一。

了解网站建设的基本知识之后,下面将通过两个项目介绍网站制作过程。

3.3 ASP. NET Web 应用程序开发流程

3.3.1 建立一个 ASP. NET Web 应用程序

1. 创建项目

在 Visual Studio 2012 中创建 ASP. NET Web 应用程序(项目),即创建一个 ASP. NET 网站。创建新项目的步骤如下:

(1)首先启动 Visual Studio 2012 编程环境,在“文件”菜单中选择“新建网站”命令,系统会出现图 3-3-1 所示的“新建网站”对话框。

图 3-3-1　“新建网站”对话框

(2)在“模板”选择项中选择 Visual C＃语言，在右侧的 Visual C＃已安装的模板中选择“ASP. NET 空网站”，在“Web 位置”中选择解决方案所保存的位置，单击“确定”按钮，完成项目的创建。

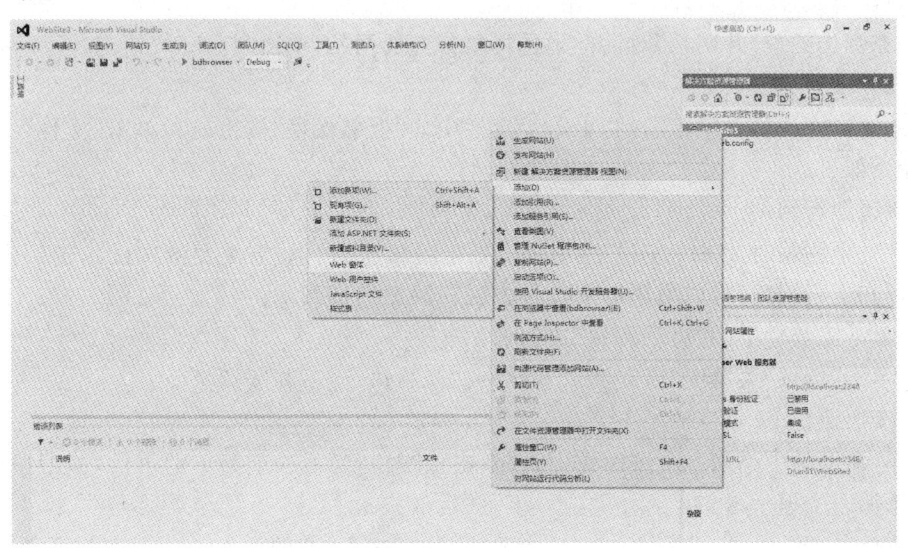

图 3-3-2　“添加新项”菜单

(3)右击项目名称，出现图 3-3-2 所示菜单，在菜单中选择“添加”→“添加新项”→“Web 窗体”命令，出现图 3-3-3 所示的界面。

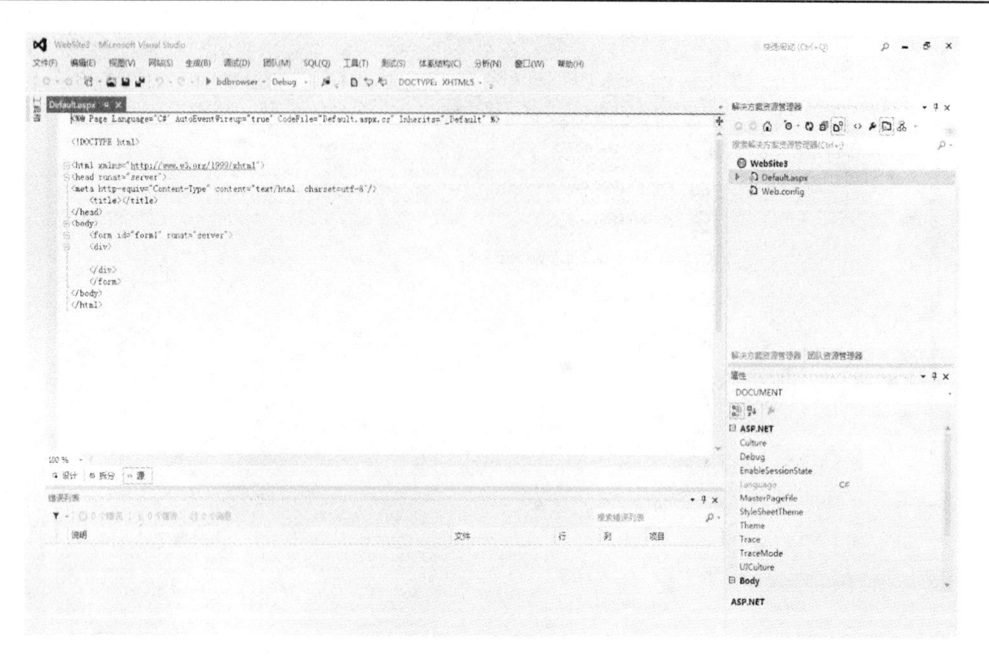

图 3-3-3 “新建网站”后的 ASP. NET 页面

2. 打开项目

如果一个 ASP. NET Web 应用程序已经创建，需要继续编写程序，则可选择打开项目。其步骤是：

（1）选择“文件”→“打开”→“网站”命令。

（2）在弹出的“打开网站”对话框中选择要打开的网站，单击“打开”按钮，打开该网站。

3. 保存项目

网站编辑完毕后要保存网站，单击工具栏中的“全部保存”按钮或者单击“文件”→“全部保存”命令即可。

4. 编译运行网站

设计一个网站时，ASP. NET 应用程序处于编辑状态。如果需要测试已编辑的内容，首先应编译和运行网站，可以采用以下几种方法对网站进行测试：

（1）单击工具栏中的“启动调试”按钮。

（2）单击“调试”菜单中“启动调试”命令或“开始执行（不调试）”命令。

（3）按快捷键 F5 或“Ctrl+F5”。

例如，在网站中添加一个按钮控件，并双击该按钮，编写一个简单的事件，即给按钮的单击事件添加一个提示语句：

Response. Write ("<script> alert ('Hello，这是我的第一个 ASP. NET 程序') </script>")；

启动调试，运行之后的效果如图 3-3-4 和图 3-3-5 所示。

图 3-3-4　网站运行效果

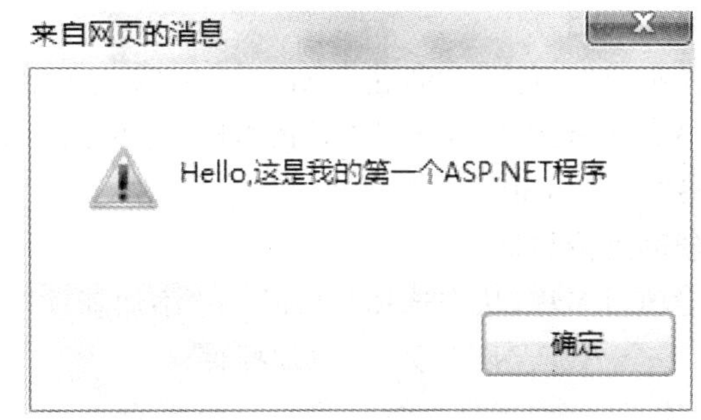

图 3-3-5　单击按钮后效果

3.3.2　ASP. NET 应用程序的开发流程

在 Visual Studio 2012 编程环境下开发 ASP. NET 应用程序，一般包括以下步骤：

(1)需求分析。按照程序实际需要进行需求分析，包括设计应用程序具有的功能、相应功能需要添加的控件以及需要实现的代码等。

(2)新建应用程序。打开 Visual Studio 2012，新建一个 ASP. NET 空网站。一个 Web 应用程序对应一个网站，然后添加新项和对应的 Web 页面。需要根据创建的程序要求选择合适的应用程序类型。

(3)新建用户界面。建立网站之后，根据程序功能要求，在 Web 页面合理地布置控件，并调整控件的大小和位置。

(4)设置对象的属性。控件布局完毕后，可通过"属性"窗口对控件的外观以及初始状态进行设置，以满足程序功能需要。

(5)编写代码。控件布局完毕并设置控件的初始属性后，就可以编写代码。单击控件或右击 Web 页面，通过"属性"窗口选择需要编写的事件，也可以直接进入代码界面编写代码。

(6)运行并调试程。完成上述步骤后，即可运行程序并测试，以发现问题并及时修改。调试和改错是程序开发过程中非常重要的步骤，需要进行反复调试，尽可能地优化程序。

(7)编译网站代码。ASP. NET 网站应用程序开发完成后，需要将网站代码编译生成 .dll文件进行发布。

(8)部署应用程序。编写完毕的应用程序可以在 Visual Studio 2012 中进行部署，即将网站部署在服务器上并运行。

3.3.3　创建一个简单的用户注册程序

下面通过建立一个简单的用户注册程序，熟悉 Web 应用程序的开发步骤。该程序的开发严格按照上述 8 个步骤进行。

要求：设计制作一个简单的 ASP. NET Web 应用程序，用于提交并显示用户的姓名、性别、出生年月、住址、联系电话、个人爱好等信息。

1. 需求分析

该应用程序的功能是：用户将姓名、性别、出生年月、住址、联系电话、个人爱好等信息进行提交，并显示在页面中。

2. 新建项目

选择菜单“文件”→“新建网站”，打开“新建网站”对话框。在“新建网站”对话框的模板中选择“Visual C#”，再选择“ASP. NET 空网站”，并选择相应的 Web 位置，单击“确定”按钮，即新建一个 ASP. NET 网站。

3. 创建用户界面

右击项目名称，从中选择“添加”→“添加新项”命令，从列表中选择“Web 窗体”，设置名称，添加一个 ASP. NET 页面，添加控件。

(1)插入一个“布局表格”，用于整个页面的布局。在对应的地方输入文本：“用户注册”“姓名”“性别”等信息。

(2)添加一个 TextBox 文本框控件，用于接受用户输入的姓名。

(3)添加两个 RadioButton 控件，用于接受用户选择的性别。

(4)添加三个 TextBox 文本框控件，分别用于接受用户输入的“出生年月”“住址”“联系方式”等。

(5)添加一个 TextBox 文本框控件，并设置成多行，用于接受用户输入的“个人爱好”信息。

控件添加完毕后，适当地调整布局，设计效果如图 3-3-6 所示。

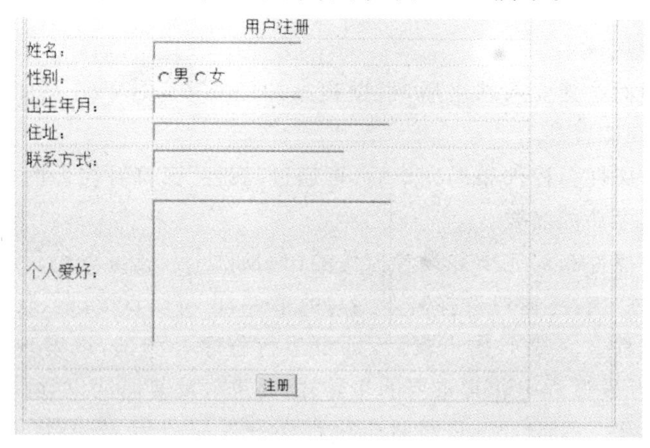

图 3-3-6 设计界面

4. 设置控件属性

控件布局好后，设置控件的属性。右击 RadioButton1 控件，修改 Text 属性为“男”，修改 GroupName 属性为 xb；右击 RadioButton2 控件，修改 Text 属性为“女”，修改 GroupName 属性为 xb；修改 Button 按钮控件的 Text 属性为“注册”。

5. 编写事件代码

在代码编辑界面中进行事件代码的编写。在 Web 页面的空白处右击，选择“查看代码”命令，进入代码编辑界面。

应用程序中需要编写的代码在 Button 按钮的单击事件中。在设计界面中，双击 Button 按钮，进入该按钮的单击事件，编写代码如下：

```
protected void Button1_Click(object sender, EventArgs e)
{
```

```
        string a1 = TextBox1.Text;
        string a2 = TextBox2.Text;
        string a3 = TextBox3.Text;
        string a4 = TextBox4.Text;
        string a5 = TextBox5.Text;
        string xb = "";
        if (RadioButton1.Checked)
        {
            xb = RadioButton1.Text;
        }
        else if (RadioButton2.Checked)
        {
            xb = RadioButton2.Text;
        }
        Response.Write("姓名是" + a1 + "<br>");
        Response.Write("性别是" + xb + "<br>");
        Response.Write("出生年月是" + a2 + "<br>");
        Response.Write("住址是" + a3 + "<br>");
        Response.Write("联系方式是" + a4 + "<br>");
        Response.Write("个人爱好是" + a5 + "<br>");
    }
```

6. 运行、调试并测试程序

程序编写完成后，按 F5 键或者单击“启动调试”按钮，即可启动调试应用程序功能。程序运行后输入相应的内容，单击“注册”按钮，显示图 3-3-7 所示的界面。

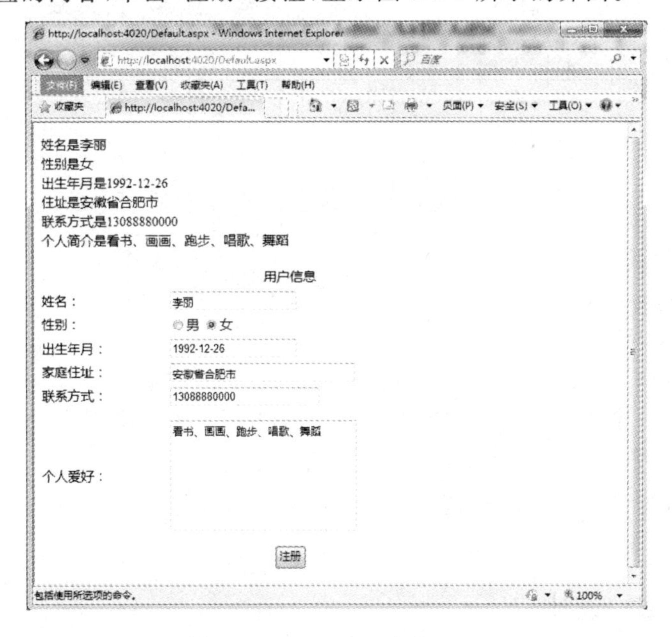

图 3-3-7　运行效果

7. 编译网站代码

ASP. NET 网站应用程序开发完成并正确运行后，将网站代码编译生成. dll 文件并进行发布。

3.4 留言板的设计

网络留言板是企业网站、新闻网站等类型网站的重要组成部分，为用户提供了发表留言、发表评论的平台。本节将介绍访客留言板的制作方法。通过本项目的学习，读者可以掌握网站制作中数据库设计和编程的常用方法。

3.4.1 需求分析

留言板采用分页显示的方式，在浏览器请求此网页时，普通用户可以通过“上一页”“下一页”等按钮，迅速显示指定页的留言内容。如果需要输入新留言，则点击“发表留言”按钮，填写好相关内容，点击“提交按钮”，即可将留言内容存入数据库，并显示留言内容。管理员可以回复、删除留言板的内容。

3.4.2 总体设计

留言板功能结构图如图 3-4-1 所示。

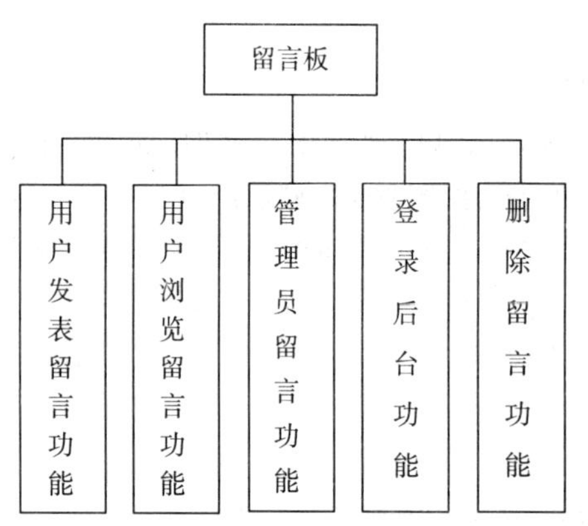

图 3-4-1 留言板功能结构图

编写的相关文件如下：

Default. aspx：用于显示留言的界面，也是留言板的主界面。

Add. aspx：用于发表留言功能的界面，是留言板中重要的功能模块之一。

Login. aspx：管理员登录界面，管理员登录后可以回复和删除留言。

Replay. aspx：管理员可以进行留言回复和删除管理操作。

db_Lyb 数据库：系统数据库，用来存放留言和信息。

3.4.3 数据库结构设计

在 SQL Server 中，创建一个名称为 db_Lyb 的数据库，再创建名称为 tb_admin（管理员用户)和 tb_liuyan(普通用户留言)的数据表,结构如表 3-4-1 和表 3-4-2 所示。

表 3-4-1　管理员用户数据表(tb_admin)

字段名	数据类型	字段长度	是否主键	描述
ID	int		是	自动递增
adminName	varchar	20	否	管理员用户名
adminPwd	varchar	10	否	管理员密码

表 3-4-2　普通用户留言数据表(tb_liuyan)

字段名	数据类型	字段长度	是否主键	说明
ID	int		是	自动递增
userName	varchar	20	否	普通用户名
sex	varchar	4	否	性别
content	text		否	留言内容
reply	text		否	回复
postTime	datetime	0	否	获取服务器时间

3.4.4　系统详细设计及主要代码

为了使网页界面具有统一的头部和尾部信息,可以在 Visual Studio 2012 编程环境中建立名为 3-1 的空网站,然后创建两个公共文件(用户自定义控件)。其中,header. ascx 文件是用户自定义控件,用来插入一个图片作为所有网页的头部信息;footer. ascx 文件是用户自定义文件,用来输入文本“您的身份是”以及“您的 IP 是:”。

1. 显示留言页面

显示留言是指从数据库中读取相关访客留言,并显示在浏览器中,显示时需要用分页技术。显示的信息包括用户名、发表时间、留言内容以及管理员回复等。

在编程环境中创建 Default. aspx 页面。首先设置合理的布局表格,在页面中添加用户控件 header. ascx 作为该页面头部,添加 footer. ascx 作为页面的尾部;接下来添加一个 DataList 控件,用于分页显示留言信息;在 DataList 控件的 ItemTemplate 模板中添加一个布局表格,用于显示留言信息的各个字段;在 DataList 下面,制作分页显示的按钮,添加“首页”“上一页”“下一页”“尾页”“转到”等 5 个按钮。显示留言界面如图 3-4-2 所示。

(1)Page_Load 事件的代码。

```
if (! IsPostBack){
    this.lblPageCur.Text = "1";
    dataGridBind();
}
```

图 3-4-2 显示留言界面

(2)调用 dataGrindBind()方法,对 DataList 控件进行数据绑定代码。

```
curPage =this.lblPageCur.Text;
SqlConnection conn = DB.createCon();
SqlCommand cmd = new SqlCommand();
cmd.CommandText = "select * from guest order by postTime desc";
cmd.Connection = conn;
SqlDataAdapter sda = new SqlDataAdapter();
sda.SelectCommand = cmd;
DataSet ds = new DataSet();
sda.Fill(ds, "guest");
PagedDataSource pds = new PagedDataSource();
pds.AllowPaging = true;
pds.PageSize = 3;
pds.DataSource = ds.Tables["guest"].DefaultView;
pds.CurrentPageIndex = Convert.ToInt32(curPage) - 1;
this.lblPageTotal.Text = pds.PageCount.ToString();
this.Button1.Enabled=true;
this.Button2.Enabled=true;
if (curPage == "1"){
    this.Button1.Enabled = false;
}
if (curPage == pds.PageCount.ToString()){
    his.Button2.Enabled = false;
}
this.DataList1.DataSource = pds;
this.DataList1.DataBind();
```

```
cmd.CommandText = "select count( * ) from guest";
this.lblMesTotal.Text = Convert.ToString(cmd.ExecuteScalar());
int a = pds.PageCount;
for(int i=1;i<=a;i++){
    this.DropDownList1.Items.Add(i.ToString());
}
```

(3)DataList 控件的 DataList1_ItemDataBound 事件代码如下，运行效果如图 3-4-3 所示。

```
LinkButton dele=(LinkButton)(e.Item.FindControl("lbtnDelete"));
if (dele ! = null){
dele.Attributes.Add("onclick","return confirm('确定删除吗?')");
}
```

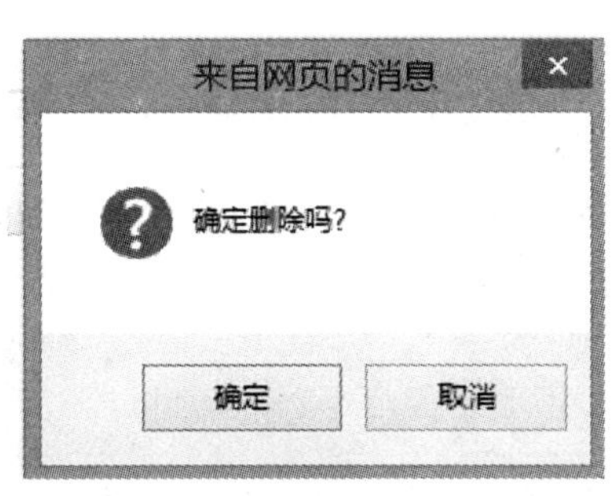

图 3-4-3　删除留言提示

(4)在 DataList 中定义了“删除”功能，代码如下。

```
protected void lbtnDelete_Command(object sender, CommandEventArgs e){
    if(Session["admin"]! =null){
        //string userID = Request.QueryString["userID"];
        string userID = e.CommandArgument.ToString();
        SqlCommand cmd = new SqlCommand();
        cmd.Connection = DB.createCon();
        cmd.CommandText = "delete from guest where ID='"+userID+"'";
        if (cmd.ExecuteNonQuery() > 0){
        Response.Write("<script>alert('删除成功!');window.location=window.location;</
script>");
        }
    else{
    Response.Write("<script>alert('删除失败!');window.location=window.location;</
script>");
    }
}
    else{
    Response.Write("<script>alert('对不起，只有管理员才允许删除留言，如果你是管理员，请
先登录!');
window.location.href='login.aspx';</script>");
```

```
        }
    }
```

(5)在 DataList 中定义了“回复”功能，代码如下。

```
protected void lbtnReply_Command(object sender, CommandEventArgs e){
    if (Session["admin"] ! = null){
    //string userID = Request.QueryString["userID"];
    string userID = e.CommandArgument.ToString();
    Response.Redirect("reply.aspx? userID="+userID+"");
    }
    else{
        Response.Write("<script>alert('对不起，只有管理员才允许回复留言，如果你是管理员，请先登录!');window.location.href='login.aspx';</script>");
    }
}
```

(6)“首页”“下一页”“上一页”“尾页”和“转到”共 5 个按钮，事件代码如下。

“首页”按钮代码。

```
this.lblPageCur.Text = "1";
dataGridBind();
```

“下一页”按钮代码。

```
this.lblPageCur.Text = Convert.ToString(Convert.ToInt32(this.lblPageCur.Text) + 1);
dataGridBind();
```

“上一页”按钮代码。

```
this.lblPageCur.Text = Convert.ToString(Convert.ToInt32(this.lblPageCur.Text)-1);
dataGridBind();
```

“尾页”按钮代码。

```
this.lblPageCur.Text = this.lblPageTotal.Text;
dataGridBind();
```

“转到”按钮代码。

```
if (! IsPostBack){
    this.lblPageCur.Text = this.DropDownList1.SelectedValue;
dataGridBind();
}
```

2. 发表留言页面

发表留言功能是将用户提交的“用户名”“性别”“留言内容”等信息写入到数据库中，是留言板中重要的功能模块之一。

首先创建名为 add.aspx 的文件，在页面中做一个表格布局，依次输入文本“发表新留言”“用户名”“性别”和“留言内容”；然后依次添加一个文本框控件 TextBox(显示用户名)、两个单选按钮控件 RadioButton(设置性别)、一个多行文本框控件 TextBox(留言内容)；最后添加两个按钮，分别设置为“提交”和“清空”按钮。

(1)“提交”按钮的功能是将留言信息提交到数据库中。

如果提交成功，则给出成功的提示，否则给出提交失败的提示，运行效果如图 3-4-4 和图

3-4-5 所示。

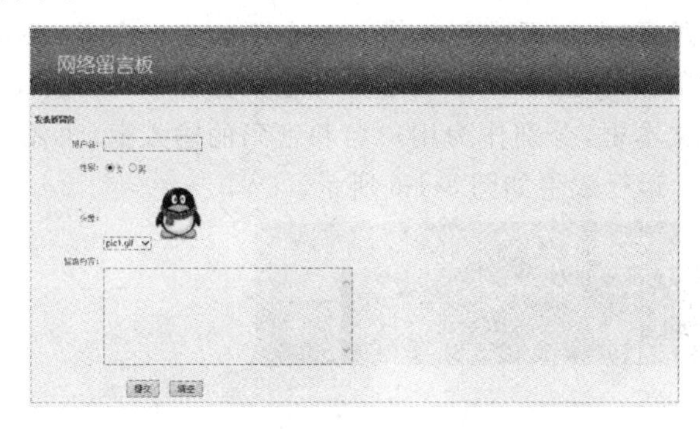

图 3-4-4 发表留言界面

图 3-4-5 留言成功提示

编写程序代码如下：

```
protected void Button1_Click(object sender, EventArgs e){
    string sex;
    //string postTime; //时间为数据库更新时自动根据系统时间设置
    string userName = this.txtUserName.Text;
    string content = this.txtContent.Text;
    if (this.rbtnNv.Checked == true){
        sex = "女";
        }
    else{
        sex = "男";
    }
    SqlConnection conn = DB.createCon();
    SqlCommand cmd = new SqlCommand();
    cmd.Connection = conn;
    cmd.CommandText = "insert into guest(userName,sex,content) values('" + userName + "','"
+ sex + "','" + content + "')";
    if (cmd.ExecuteNonQuery() > 0){
        Response.Write("<script>alert('留言成功!');location.href='default.aspx';</
script>");
        }
        else{
  Response.Write("<script>alert('留言失败!');window.location = window.location;</
script>");
    }
}
```

(2)“清空”按钮的功能是将用户名和留言内容文本框清空，编写程序如下。

```
this.txtUserName.Text="";
this.txtContent.Text="";
```

3. 管理员登录页面

“管理员登录”页面的功能是：当用户单击“显示留言”页面的“回复”按钮后，系统会提示以管理员身份登录，登录后可以对留言进行回复和删除。

添加一个名称为 Login. aspx 的页面，在页面中首先做一个合理的表格布局，添加用户自定义控件 header. ascx 作为该页面的头部，在下面添加用户自定义控件 Footer. ascx 作为该页面的尾部；在中间位置添加两个文本框，分别作为用户名和密码的输入框；再添加两个按钮，分别作为“登录”和“重置”按钮。运行效果如图 3-4-6 所示。

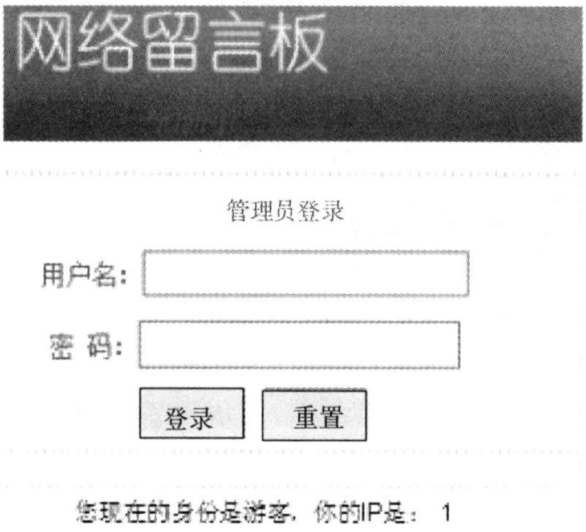

图 3-4-6 管理员登录界面

“登录”按钮的单击事件代码：

```
SqlConnection conn = DB.createCon();
SqlCommand cmd = new SqlCommand();
    cmd.CommandText = "select count( * ) from tb_admin where adminName='"+this.txtUserName.
Text+"' and adminPwd='"+this.txtPwd.Text+"'";
cmd.Connection = conn;
if (Convert.ToInt32(cmd.ExecuteScalar()) > 0)
{
    Session["admin"] = "admin";
    Response.Write("<script>alert('登录成功!');location.href='default.aspx';</
script>");
}
else
{
    Response.Write("<script>alert('登录失败,请确认您的用户名和密码!
    ');location.href='login.aspx';</script>");
}
```

4. 回复留言页面

“回复留言”页面的功能是：以管理员身份登录之后，重新回到留言显示页面 Default. aspx，此时单击“删除”按钮可以对留言内容进行删除，单击“回复”按钮可以回复对应的留言。

首先添加一个名称为 Replay. aspx 的页面，在页面上添加文本框控件 TextBox，并设置为多行，用于输入回复信息；最后添加“提交”和“清空”按钮。界面设置之后的效果如图 3-4-7 所示。

图 3-4-7　回复留言界面

“提交”按钮的事件代码：

```
string reply=this.txtReply.Text;
string userID = Request.QueryString["userID"].ToString();
SqlCommand cmd = new SqlCommand();
cmd.Connection = DB.createCon();
cmd.CommandText = "update guest set reply='"+reply+"' where ID='"+userID+"'";
if (Convert.ToInt32(cmd.ExecuteNonQuery()) > 0) {
Response.Write("<script>alert('回复成功!');location.href='default.aspx';</script>");
}
else{
Response.Write("<script>alert('回复失败!');location.href=location.href;</script>");
}
```

“重置”按钮的事件代码：

```
this.txtReply.Text = "";
```

本节通过留言板实例，主要介绍了 ASP.NET 操作 SQL Server 数据库的常用方法，包括查询、添加和删除等功能的实现。

3.5　新闻发布系统网站设计

3.5.1　需求分析

新闻发布系统又称信息发布系统，是将网页上需要经常变动的信息，类似新闻、新产品发布和业界动态等更新信息集中管理，并通过信息的某些共性进行分类，最后系统化、标准化地发布到网站上的一种网站应用程序。网站信息通过一个操作简单的界面加入数据库，再采用已有的网页模板格式，并通过审核流程后，发布到网站上。

新闻发布系统最重要的功能是信息管理，实现网站内容的更新与维护，提供信息的添加、删除、查找、修改等操作，并决定信息是否出现在栏目的首页、网站的首页等。

3.5.2 业务流程分析

业务流程分析如下：

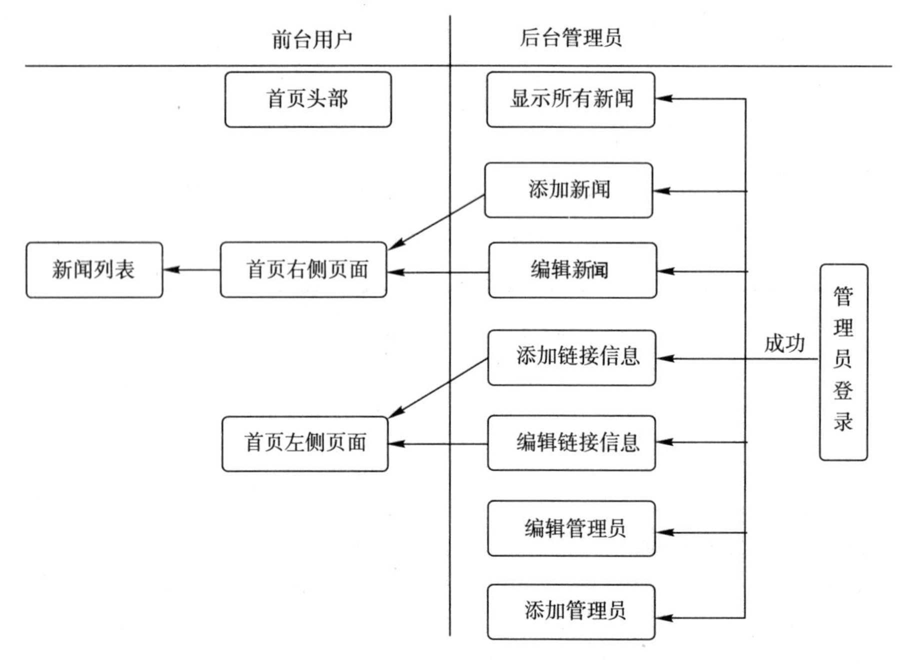

图 3-5-1 业务流程分析图

3.5.3 系统总体设计

项目需要实现新闻发布系统的基本功能，包括前台显示新闻功能模块和后台发布新闻功能模块。

前台显示新闻功能模块：包括在首页中显示各栏目最新新闻标题列表，分栏目显示新闻列表以及显示新闻详细内容。

后台发布新闻功能模块：包括管理员登录、发布新闻、删除新闻、编辑新闻、管理用户、管理超链接等功能。

3.5.4 数据库设计

系统的数据库名称为 db_news，包含三个数据库表：tb_User、tb_News 和 tb_Link，分别用于存放用户信息、新闻信息和超链接数据信息。

tb_User 表各个字段的设计如表 3-5-1 所示。

表 3-5-1　tb_User 数据表

字段名	数据类型	字段长度	是否主键	说明
ID	int		是	自动递增
Name	varchar	20	否	用户名
PassWord	varchar	10	否	用户密码
addDate	datetime		否	用户创建日期

新闻数据表的各字段的设计如表 3-5-2 所示。

表 3-5-2　tb_News 新闻数据表

字段名	数据类型	字段长度	是否主键	说明
ID	int		是	自动递增
Title	varchar	100	否	标题
Content	text		否	新闻内容
Style	varchar	20	否	新闻样式
Type	varchar	20	否	新闻类型
IssueDate	smalldatetime		否	新闻日期

超链接数据表各字段的设计如表 3-5-3 所示。

表 3-5-3　tb_Link 超链接数据表

字段名	数据类型	字段长度	是否主键	说明
ID	int		是	自动递增
imgPath	varchar	150	否	图片存放路径
linkName	varchar	50	否	链接名称
linkAddress	varchar	50	否	链接地址
addDate	datetime		否	创建日期

3.5.5　系统详细设计及主要代码

1. 基础类文件代码

在编写各功能页面之前，需要在 App_Code 文件夹中添加 BaseClass. cs 基本类，该类中定义后续用到的基本方法。例如，执行 SQL 语句、过滤危险字符等；checkCode. cs 验证码类，用来在浏览器上输出不同字体和颜色的验证码字符；randomCode. cs 随机码类，用于生成不同的随机数。

BaseClass. cs 类文件的代码：

```
public BaseClass()
{
    //
    // TODO: 在此处添加构造函数逻辑
```

```
    //
}
```

(1)MessageBox()函数,设置客户端弹出对话框。

```
public string MessageBox(string TxtMessage)
{
    string str;
    str = "<script language=javascript>alert('" + TxtMessage + "')</script>";
    return str;
}
```

(2)ExecSQL()函数,用来执行 SQL 语句,返回值(True\False)表示操作是否成功。

```
public Boolean ExecSQL(string sQueryString)
{
    SqlConnection con = new SqlConnection(ConfigurationManager.AppSettings["conStr"]);
    con.Open();
    SqlCommand dbCommand = new SqlCommand(sQueryString, con);
    try
    {
        dbCommand.ExecuteNonQuery();
        con.Close();
    }
    catch
    {
        con.Close();
        return false;
    }
    rcturn true;
}
```

(3)GetDataSet 数据集,返回数据源的数据集,返回值是数据集 DataSet。

```
/// </summary>
public System.Data.DataSet GetDataSet(string sQueryString, string TableName)
{
    SqlConnection con = new SqlConnection(ConfigurationManager.AppSettings["conStr"]);
    con.Open();
    SqlDataAdapter dbAdapter = new SqlDataAdapter(sQueryString, con);
    DataSet dataset = new DataSet();
    dbAdapter.Fill(dataset, TableName);
    con.Close();
    return dataset;
}
```

(4)SubStr()函数,用来保留指定长度的字符串,将超出部分用“...”代替。

```
public string SubStr(string sString, int nLeng)
{
```

```
        if (sString.Length <= nLeng)
        {
            return sString;
        }
        int nStrLeng = nLeng - 3;
        string sNewStr = sString.Substring(0, nStrLeng);
        sNewStr = sNewStr + "...";
        return sNewStr;
    }
```

(5)HtmlEncode()函数，用来过滤危险字符。

```
    public string HtmlEncode(string str)
    {
        str = str.Replace("&", "&amp;");
        str = str.Replace("<", "&lt;");
        str = str.Replace(">", "&gt");
        str = str.Replace("'", "''");
        str = str.Replace("*", "");
        str = str.Replace("\n", "<br/>");
        str = str.Replace("\r\n", "<br/>");
        //str = str.Replace("?","");
        str = str.Replace("select", "");
        str = str.Replace("insert", "");
        str = str.Replace("update", "");
        str = str.Replace("delete", "");
        str = str.Replace("create", "");
        str = str.Replace("drop", "");
        str = str.Replace("delcare", "");
        if (str.Trim().ToString() == "") { str = "无"; }
        return str.Trim();
    }
```

(6)验证用户登录是否正确。

```
    /// <param name="loginName">用户登录名称</param>
    /// <param name="loginPwd">用户登录密码</param>
    public int checkLogin(string loginName,string loginPwd)
    {
        SqlConnection con = new SqlConnection(ConfigurationManager.AppSettings["conStr"]);
        SqlCommand myCommand = new SqlCommand("select count(*) from tb_user where Name=@
loginName and PassWord=@loginPwd", con);
        myCommand.Parameters.Add(new SqlParameter("@loginName", SqlDbType.NVarChar, 20));
        myCommand.Parameters["@loginName"].Value = loginName;
        myCommand.Parameters.Add(new SqlParameter("@loginPwd", SqlDbType.NVarChar, 20));
        myCommand.Parameters["@loginPwd"].Value = loginPwd;
        myCommand.Connection.Open();
```

```
        int i=(int)myCommand.ExecuteScalar();
        myCommand.Connection.Close();
        return i;
    }
```

(7)checkCode.cs 类文件的程序代码如下。

```
public checkCode()
{
    //
    // TODO：在此处添加构造函数逻辑
    //
}
public static void DrawImage()
{
    checkCode img = new checkCode();
    HttpContext.Current.Session["CheckCode"] = img.RndNum(4);
    img.checkCodes(HttpContext.Current.Session["CheckCode"].ToString());
}
```

(8)checkCodes()函数，用于生成验证图片，参数 checkCode 是验证字符。

```
private void checkCodes(string checkCode)
{
    int iwidth = (int)(checkCode.Length * 13);
    System.Drawing.Bitmap image = new System.Drawing.Bitmap(iwidth, 23);
    Graphics g = Graphics.FromImage(image);
    g.Clear(Color.White);//定义颜色
    Color[] c = { Color.Black, Color.Red, Color.DarkBlue, Color.Green, Color.Orange, Color.
Brown, Color.DarkCyan, Color.Purple };  //定义字体
    string[] font = { "Verdana", "Microsoft Sans Serif", "Comic Sans MS", "Arial", "宋体" };
    Random rand = new Random();
    //随机输出噪点
    for (int i = 0; i < 50; i++)
    {
        int x = rand.Next(image.Width);
        int y = rand.Next(image.Height);
        g.DrawRectangle(new Pen(Color.LightGray, 0), x, y, 1, 1);
    }
}
```

(9)输出不同字体和颜色的验证码字符。

```
for (int i = 0; i < checkCode.Length; i++)
{
    int cindex = rand.Next(7);
    int findex = rand.Next(5);
    Font f = new System.Drawing.Font(font[findex], 10, System.Drawing.FontStyle.Bold);
```

```
        Brush b = new System.Drawing.SolidBrush(c[cindex]);
        int ii = 4;
        if ((i + 1) % 2 == 0)
        {
            ii = 2;
        }
        g.DrawString(checkCode.Substring(i, 1), f, b, 3 + (i * 12), ii);
    }
    //画一个边框
    g.DrawRectangle(new Pen(Color.Black, 0), 0, 0, image.Width - 1, image.Height - 1);
```

(10)RndNum()函数,生成随机字母,参数 VcodeNum 表示生成字母的个数。

```
private string RndNum(int VcodeNum)
{
    string Vchar = "0,1,2,3,4,5,6,7,8,9";
    string[] VcArray = Vchar.Split(',');
    string VNum = ""; //由于字符串很短,故就不用 StringBuilder 了
    int temp = -1; //记录上次随机数值,尽量避免生产几个一样的随机数
    //采用一个简单的算法,以保证生成随机数的不同
    Random rand = new Random();
    for (int i = 1; i < VcodeNum + 1; i++)
    {
        if (temp != -1)
        {
            rand = new Random(i * temp * unchecked((int)DateTime.Now.Ticks));
        }
        int t = rand.Next(VcArray.Length);
        if (temp != -1 && temp == t)
        {
        return RndNum(VcodeNum);
    }
    temp = t;
    VNum += VcArray[t];
    }
}
```

2. 各页面的详细设计及主要代码

(1)首页的设计。

首页 index.aspx 界面的设计:在 index.aspx 页面中添加合适的布局表格。该页面包含一个用户自定义控件 menu.ascx。

menu.ascx 的设计步骤:首先添加适合的布局表格;添加一个 Label 控件,用于显示日期和时间;添加一个 TextBox 控件;添加一个 DropDownList 下拉菜单控件,用于显示新闻的各栏目;添加一个 Button 按钮,设置为站内搜索;在站内搜索下面的一行表格中依次输入

主页和各新闻栏目,并给每个栏目添加超链接。

该页面的 Page_Load 事件代码:

```
protected void Page_Load(object sender, EventArgs e)
    {
        Label1.Text = System.DateTime.Now.ToString("yyyy 年 MM 月 dd 日") + "    " +
System.DateTime.Now.DayOfWeek.ToString();
    }
```

"站内搜索"按钮的单击事件代码:

```
protected void cmdSearch_Click(object sender, EventArgs e)
    {
        Session["tool"] = "新闻中心－>站内查询("+DropDownList1.Text+")－－－－输入关键字为"" + TextBox1.Text + """;
        Session["search"] = "select * from tb_news where style='" + DropDownList1.Text + "'and content like '%" + TextBox1.Text + "%' and issueDate='" + DateTime.Today.ToString() + "'";
        Response.Redirect("search.aspx");
    }
```

首页运行效果如图 3-5-2 所示。

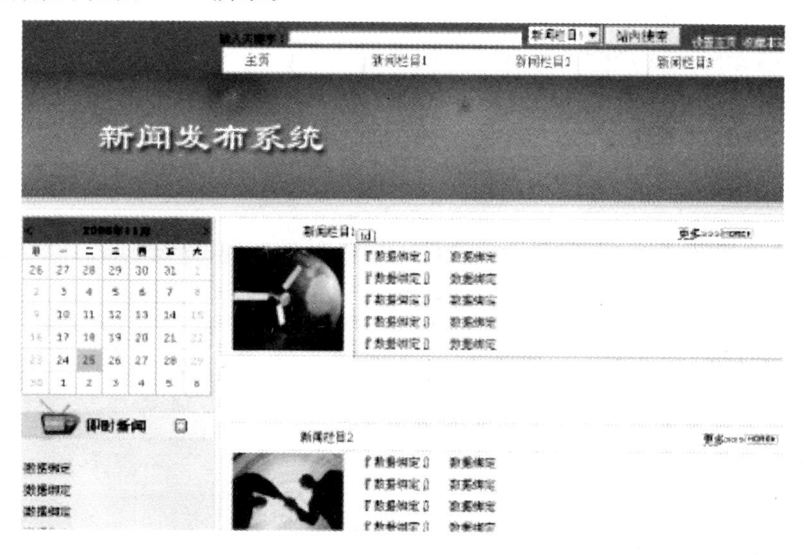

图 3-5-2 首页运行效果图

(2)左侧页面的设计。返回到 index.aspx 页面中,页面的左边部分是一个用户自定义控件的页面 left.ascx。

Left.acx 用户自定义控件页面的设计步骤:首先添加适合的布局表格;添加一个 Calendar 控件,用于显示日历表;依次输入文本"新闻列表"和"友情链接";在"新闻列表"下添加一个 DataList 控件,用于绑定新闻数据;在"友情链接"下添加一个 DataList 控件,用于绑定友情链接内容。

left.ascx 页面代码编写如下。

首先定义全局变量 bc,用来调用 BaseClass 中 GetDataSet 方法。

BaseClass bc = new BaseClass();

该页面的 Page_Load 事件代码：

```
protected void Page_Load(object sender, EventArgs e)
{
    //新闻列表
    dljs.DataSource = bc.GetDataSet("SELECT TOP 30 ID, Style, Title FROM tb_News where
     issueDate='" + DateTime.Today.ToString() + "'", "tb_News");
    dljs.DataKeyField = "id";
    dljs.DataBind();
    //友情链接
    DataList1.DataSource = bc.GetDataSet("SELECT TOP 5 * FROM tb_Link order by addDate
    desc", "tb_Link");
    DataList1.DataKeyField = "id";
    DataList1.DataBind();
}
```

绑定新闻内容的 DataList 控件的 ItemCommand 事件代码：

```
protected void dljs_ItemCommand(object source, DataListCommandEventArgs e)
{
    string id = dljs.DataKeys[e.Item.ItemIndex].ToString();
    Response.Write("<script language=javascript>window.open('showNews.aspx? id=" + id
+ "','','width=520,height=260')</script>");
}
```

绑定友情超链接内容的 DataList 控件的 ItemCommand 事件代码：

```
protected void DataList1_ItemCommand(object source, DataListCommandEventArgs e)
{
    string strLink="";
    string id = DataList1.DataKeys[e.Item.ItemIndex].ToString();
    DataSet ds = bc.GetDataSet("select * from tb_Link where id='"+id+"'","tb_Link");
    DataRow[] row=ds.Tables[0].Select();
    foreach(DataRow rs in row)
    {
        strLink = rs["linkAddress"].ToString();
    }
    Response.Write("<script language=javascript>window.open('http://"+strLink+"')</
script>");
}
```

(3)右侧页面的设计。返回到 index. aspx 页面中，在右下侧部分，是新闻各个栏目的标题列表显示和“更多”超链接的显示。

这部分的设计步骤：首先添加适合的布局表格；在第一行中输入“新闻栏目 1”以及“更多>>>”文本，并给“更多>>>”文本添加超链接；依次添加一个 Image 控件和一个 DataList 控件。“新闻栏目 2”和“新闻栏目 3”的设计步骤相同。

index. aspx 页面的代码如下。

①页面的 Page_Load 事件代码。

```
//新闻栏目 1
dlSZ.DataSource = bc.GetDataSet("SELECT TOP 5 * FROM tb_News WHERE (Style = '新闻栏目 1'and
issueDate='"+DateTime.Today.ToString()+"')", "tb_News");
dlSZ.DataKeyField = "id";
dlSZ.DataBind();
```

②三个 DataList 控件的 ItemCommand 事件代码。

```
string id = dlJJ.DataKeys[e.Item.ItemIndex].ToString();
Response.Write("<script language=javascript>window.open('showNews.aspx? id=" + id +
"','','width=520,height=260')</script>");
```

(4)新闻列表显示页面的设计。在首页 index.aspx 中单击“新闻栏目 1”,打开 newsList.aspx 新闻列表显示页面。

新闻列表显示页面的设计步骤:首先添加适合的布局表格;插入用户自定义控件 menu.ascx;添加一个 Label 标签控件,在对应的位置输入文本“新闻栏目”,添加一个 DataList 控件用于显示新闻列表。

newsList.aspx 新闻列表显示页面的代码。

①页面的 Page_Load 事件代码。

```
int n = Convert.ToInt16(Request.QueryString["id"]);
switch (n){
case 1: strStyle = "新闻栏目 1";
Label1.Text = "新闻栏目 1";
break;
case 2: strStyle ="新闻栏目 2";
Label1.Text = "新闻栏目 2";
break;
}
DataList1.DataSource = bc.GetDataSet("select * from tb_News where style='" + strStyle + "'
and issueDate='" + DateTime.Today.ToString() + "'", "tb_News");
DataList1.DataKeyField = "id";
DataList1.DataBind();
```

②DataList 控件的 ItemCommand 事件代码。

```
string id = DataList1.DataKeys[e.Item.ItemIndex].ToString();
Response.Write("<script language=javascript>window.open('showNews.aspx? id=" + id +
"','','width=520,height=260')</script>");
```

③单击“新闻标题”超链接,将打开新闻详细内容 showNews.aspx 页面。

显示新闻详细内容页面的设计步骤:首先添加适合的布局表格;依次添加一个 Label 控件、一个 TextBox 控件、一个 Button 按钮控件。

showNews.aspx 新闻详细内容页面的代码如下。

编写该页面的 Page_Load 事件。

```
DataSet ds = bc.GetDataSet("select * from tb_News", "news");
DataRow[] row = ds.Tables[0].Select("id="+Request.QueryString["id"]);
```

```
foreach (DataRow rs in row){
    this.Page.Title = rs["title"].ToString();
    Label1.Text = rs["title"].ToString();
    TextBox1.Text ="      "+ rs["content"].ToString();
}
```

双击“关闭窗口”按钮，进入该按钮的单击事件，代码如下。

```
Response.Write("<script language=javascript>window.close()</script>");
```

(5)用户登录页面的设计。打开 Login. aspx 页面，该页面是用户登录界面，是管理员进入后台管理前的用户验证页面。

该页面的设计步骤：首先添加适合的布局表格，然后依次输入相应的文本；依次添加三个 TextBox 控件作为用户名、密码和验证码输入框；添加一个 Label 控件用于显示验证码；添加一个 Button 按钮。效果如图 3-5-3 所示。

后台用户名：

后台用户密码：

输入验证码：　验证码：w7hJ　登录

图 3-5-3　用户登录页面

编写该文件的代码，首先定义一个全局变量 bc，用来调用 BaseClass 中 checkLogin 方法，检查登录时用户名密码是否正确。

```
BaseClass bc = new BaseClass();
```

在 Page_Load 事件中，编写如下代码用于“产生验证码”。

```
Label1.Text =  new randomCode().RandomNum(4);
```

双击“登录”按钮事件代码可以参照 3.4 节中“登录”按钮的代码编写。

(6)主管理界面的设计。如果用户名和密码以及验证码都正确，则进入主管理界面 manage/default. aspx。

主管理界面 manage/default. aspx 的设计步骤：首先添加适合的布局表格；在左侧添加一个 TreeView 控件，用于显示管理目录；在右侧添加软框架<iframe></iframe>，用于显示各管理功能页面。设计好之后的页面效果如图 3-5-4 所示。

①页面的 Page_Load 事件代码。

```
if (Convert.ToString(Session["loginName"]) == ""){
    Response.Redirect("../login/login.aspx");   //非法登录
}
```

②TreeView 控件的 SelectedNodeChanged 事件代码。

```
if (TreeView1.SelectedValue == "安全退出"){
    Session["loginName"] = "";
    Response.Redirect("../index.aspx");
}
```

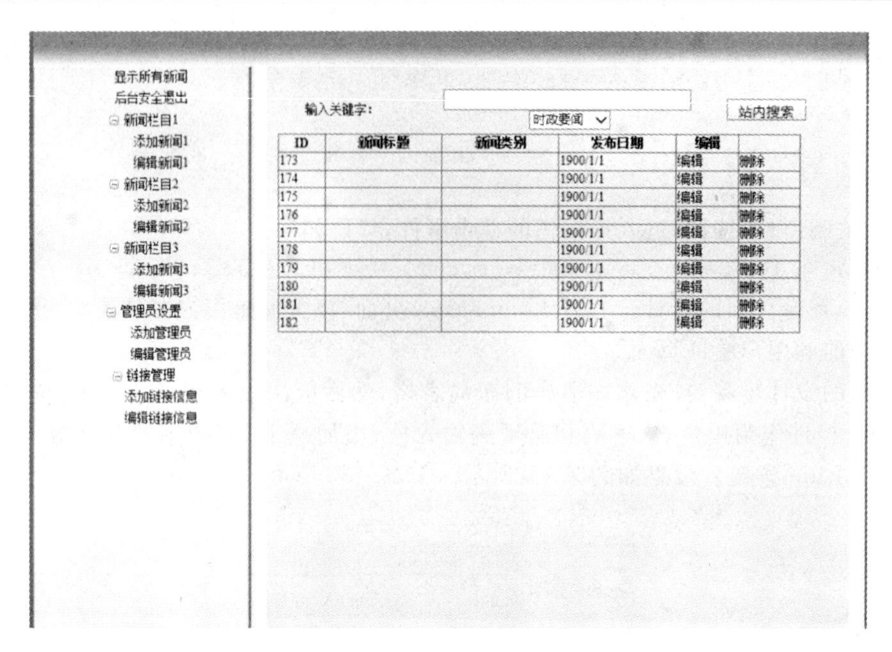

图 3-5-4 管理主界面

(7)显示所有新闻页面的设计。在管理页面中单击“显示所有新闻”超链接,将在右边打开显示所有新闻页面的 list. aspx。

显示所有新闻页面的设计步骤:首先添加适合的布局表格;添加一个 TextBox 控件和一个 DropDownList 控件,分别用于输入搜索关键词和选择新闻栏目;添加一个 Button 按钮;添加一个 GridView 控件用于显示新闻内容。

编写 list. aspx 页面的代码,定义全局变量如下。

```
BaseClass bc = new BaseClass();
static string strStyle;
static int pagecount = 0;
```

①Page_Load 事件代码。

```
int n = Convert.ToInt16(Request.QueryString["id"]);
switch (n){
    case 1: strStyle = "style='时政要闻'";
        break;
    case 2: strStyle = "style='经济动向'";
        break;
    case 3: strStyle = "style='世界军事'";
        break;
    default: strStyle = "style like '%%'";
        break;
}
GridView1.DataSource = bc.GetDataSet("select * from tb_News where " + strStyle + "order by id","tb_News");
GridView1.DataKeyNames = new string[] { "id" };
```

```
GridView1.DataBind();
```

②GridView 控件的 PageIndexChanging 事件代码。

```
GridView1.PageIndex = e.NewPageIndex;
GridView1.DataBind();
```

③GridView 控件的 RowDataBound 事件代码。

```
if (e.Row.RowType == DataControlRowType.DataRow){
e.Row.Cells[3].Text =Convert.ToDateTime(e.Row.Cells[3].Text).ToShortDateString();
}
```

④GridView 控件的 RowDeleting 事件代码。

```
bc.ExecSQL("delete from tb_News where id='" + this.GridView1.DataKeys[e.RowIndex].Value.
ToString() + "'");
GridView1.DataSource = bc.GetDataSet("select * from tb_News where " + strStyle, "tb_News");
GridView1.DataBind();
```

⑤双击"站内搜索"按钮,进入该按钮的单击事件代码。

```
string strSql = "select * from tb_news where style='" + DropDownList1.Text + "' and content
like '%" + TextBox1.Text + "%'";
GridView1.DataSource = bc.GetDataSet(strSql, "tb_News");
GridView1.DataKeyNames = new string[] { "id" };
GridView1.DataBind();
```

⑥在 List.aspx 页面中,单击"编辑"超链接,将打开对应新闻的编辑页面 Edit.aspx。

该页面的设计步骤:首先添加适合的布局表格;依次添加一个 Label 标签控件和一个 DropDownList 控件;添加一个 TextBox 控件和一个多行 TextBox 控件;添加两个 Button 控件。运行效果如图 3-5-5 所示。

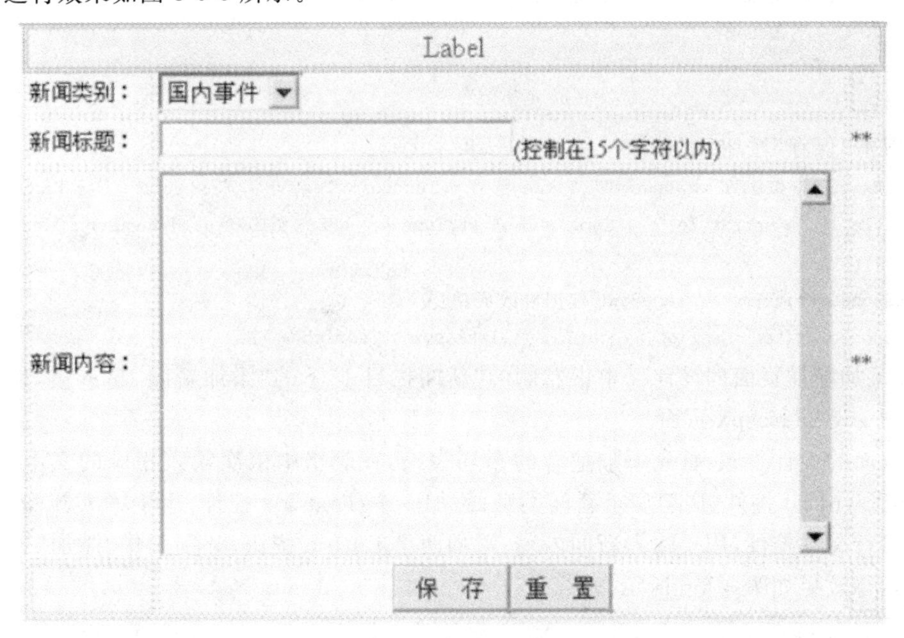

图 3-5-5　新闻编辑界面

编写 Edit. aspx 页面的 Page_Load 事件代码。

```
if (! IsPostBack)
    {
        DataSet ds = bc. GetDataSet ("select * from tb_News where id ='" + Request.
QueryString["id"] + "'", "tb_News");
        DataRow[] row = ds.Tables[0].Select();
        foreach (DataRow rs in row)
        {
            TextBox1.Text = rs["title"].ToString();
            TextBox2.Text = rs["content"].ToString();
            strStyle = rs["Style"].ToString();
            strType = rs["type"].ToString();
        }
        switch (strStyle)
        {
            case "新闻栏目 1":
            dlGov.Text = strType;
            dlGov.Visible = true;
            Label1.Text = "新闻栏目 1";
            break;
            case "新闻栏目 2":
            dlJj.Text = strType;
            dlJj.Visible = true;
            Label1.Text = "新闻栏目 2";
            break;
        }
    }
```

⑦双击“保存”按钮，进入该按钮的单击事件代码。

```
bc.ExecSQL("UPDATE tb_News SET Title = '"+TextBox1.Text+"', Content = '"+TextBox2.Text
+"', Style = '"+strStyle+"', Type = '"+strType+"' WHERE (ID = '"+Request.QueryString["
id"]+"')");
Response.Write(bc.MessageBox("数据修改成功!"));
Response.Write("<script>location='list.aspx'</script>");
```

(8)添加新闻页面的设计。单击左侧的“新闻栏目 1”下的“添加新闻”超链接，将打开添加新闻的 govAdd. aspx 页面。

该页面的设计步骤：首先添加适合的布局表格，在表格中依次输入相应的文本；添加一个 DropDownList 控件，用于显示新闻类别；添加一个 TextBox 控件，用于输入新闻标题；添加一个多行文本控件，用于输入新闻内容；添加两个 Button 按钮，分别用作“添加”和“重置”按钮。运行效果如图 3-5-6 所示。

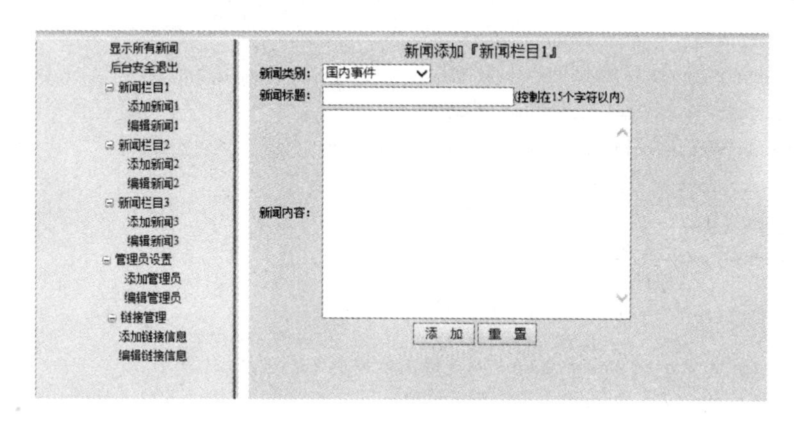

图 3-5-6　添加新闻界面

编写 govAdd.aspx 页面的代码如下。

①“添加”按钮的单击事件代码。

```
bc.ExecSQL("INSERT INTO tb_News( Title, Content, Style, Type, IssueDate)VALUES ('"+TextBox1.Text+"', '"+TextBox2.Text+"', '时政要闻', '"+DropDownList1.Text+"', '"+DateTime.Now.ToString("yyyy-MM-dd")+"')");
Response.Write(bc.MessageBox("添加成功!"));
```

②“重置”按钮的单击事件代码。

```
TextBox1.Text = "";
TextBox2.Text = "";
```

(9)添加管理员界面。单击管理目录中的“添加管理员”,打开 userAdd.aspx。

该页面的设计步骤:首先添加适合的布局表格;在对应位置依次添加三个 TextBox 控件;添加一个验证控件;添加两个 Button 按钮控件。运行效果如图 3-5-7 所示。

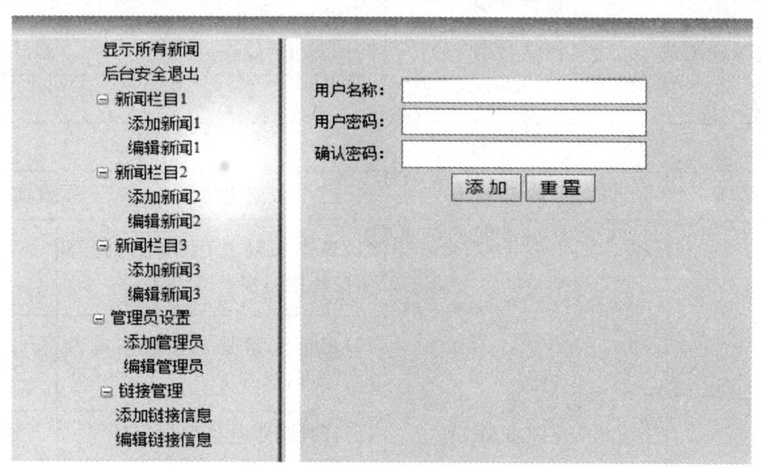

图 3-5-7　添加管理员

编写 userAdd.aspx 页面的代码。

首先定义一个全局变量 bc,用来调用 BaseClass 中的 ExecSQL 方法,执行 SQL 语句。

“添加”按钮的单击事件代码。

```
    if (TextBox2.Text == TextBox3.Text) {
        bc.ExecSQL("INSERT INTO tb_User( Name, PassWord, addDate)VALUES ('"+ TextBox1.Text + "',
'" + TextBox2.Text + "', '" + DateTime.Now.ToString() + "')");
        Response.Write(bc.MessageBox("操作员添加成功!"));
        TextBox3.Text = "";
        TextBox2.Text = "";
        TextBox1.Text = "";
        }
        else{
        Response.Write(bc.MessageBox("两次输入的密码不一致!"));
    }
```

3.5.6 系统的测试与维护

1. 系统测试

系统测试的目的是验证软件的有效性，表明系统能够按预定的功能工作。验收测试一般使用黑盒测试法，验收测试又有两种可能的结果：一是功能和特性与用户的要求有差距；二是功能和特性与用户的要求一致。

测试用例样表如表 3-5-4、表 3-5-5 所示，测试人员依照用例表逐项进行测试，测试通过后，在“真实结果”项中打“√”；测试不通过，在“真实结果”项中打“×”，并在备注中说明原因。

表 3-5-4 “新闻发布系统”测试用例 1

<table>
<tr><td colspan="2">用例标识</td><td colspan="2">FMS001</td><td>项目名称</td><td colspan="3">新闻发布系统</td></tr>
<tr><td colspan="2">开发人员</td><td colspan="2">×××</td><td>模块名称</td><td colspan="3">首页</td></tr>
<tr><td colspan="2">用例作者</td><td colspan="2">×××</td><td>设计日期</td><td colspan="3">2015.9.1</td></tr>
<tr><td colspan="2">测试类型</td><td colspan="2">黑盒测试</td><td>测试日期</td><td>2015.9.10</td><td>测试人员</td><td>×××</td></tr>
<tr><td colspan="2">用例描述</td><td colspan="6"></td></tr>
<tr><td colspan="2">前置条件</td><td colspan="6"></td></tr>
<tr><td>编号</td><td colspan="2">测试项</td><td colspan="2">描述/输入/操作</td><td>期望结果</td><td>真实结果</td><td>备注</td></tr>
<tr><td rowspan="5">001</td><td colspan="2" rowspan="5">首页</td><td colspan="2" rowspan="5">合理布局</td><td>(1)界面布局有序、简洁，符合用户使用习惯。</td><td>√</td><td rowspan="5"></td></tr>
<tr><td>(2)界面元素是否在水平或者垂直方向对齐。</td><td>√</td></tr>
<tr><td>(3)行列间距是否保持一致。</td><td>√</td></tr>
<tr><td>(4)刷新后界面是否正常显示。</td><td>√</td></tr>
<tr><td>(5)不同分辨率页面布局显示是否合理、整齐，分辨率一般为 1024 * 768 或 1280 * 1024 或 800 * 600。</td><td>√</td></tr>
</table>

续表

用例标识	FMS001	项目名称	新闻发布系统		
001	首页	页面正确性	(1)导航显示正确。	√	
			(2)页面显示无乱码。	√	
			(3)页面无 javascript 错误。	√	
			(4)界面元素是否有错别字，或者措词含糊、逻辑混乱。	√	
		日历控件	(1)同时支持选择年月日、年月日时分秒规则。	√	
			(2)打开日历控件时，默认显示当前日期。	√	
		滚动条控件	(1)拖动滚动条，检查屏幕刷新情况，并查看是否有乱码。	√	
			(2)用滚轮控制滚动条时，页面信息是否正确显示。	√	
			(3)用滚动条的上下按钮时，页面信息是否正确显示。	√	

表 3-5-5　“新闻发布系统”测试用例 2

用例标识	FMS002	项目名称	新闻发布系统		
开发人员	×××	模块名称	主界面管理		
用例作者	×××	设计日期	2015.9.1		
测试类型	黑盒测试	测试日期	2015.9.10	测试人员	×××
用例描述					
前置条件					
编号	测试项	描述/输入/操作	期望结果	真实结果	备注
002	主界面管理	添加新闻功能	(1) 正确输入相关内容，包括必填项，点“添加”按钮，记录成功添加。	√	
			(2) 必填项内容不填、其他项正确输入，点“添加”按钮，系统有相应提示。	√	
			(3) 内容项中输入空格，点“添加”按钮，记录添加成功。	√	
			(4) 仅填写必填项，点“添加”按钮，记录添加成功。	√	

续表

用例标识		FMS002	项目名称	新闻发布系统		
002	主界面管理	添加新闻功能		(5)添加记录失败时,原填写内容保存。	√	
				(6)新添加的记录排列在首行。	√	
				(7)重复提交相同记录时,系统是否有相应提示。	√	

2. 系统维护

为适应软件维护的需要,本系统采用如下措施:

(1)软件配置程序源代码。

(2)开发过程文档齐全。

(3)设计过程中各模块均考虑或预留完整性和可维护性接口等部分。

软件的模块化、有详细的设计文档、源代码有详细说明和注释等,均可提高系统的可维护性。维护人员定期按照“系统故障记录表”的记录情况对系统进行维护和升级。“系统故障记录表”样式如表 3-5-6 所示。

表 3-5-6 系统故障记录表

序号	问题/操作描述	记录人	发现时间	紧急程度	是否解决	解决时间	备注

本节介绍了新闻发布系统的需求分析、功能设计、数据库设计、各模块的详细功能设计、代码编写、系统测试和维护等,展示了一个完整的系统开发流程和实现方法。

第4章　计算机网络实训技术

【教学内容】

本章主要介绍计算机网络的基本概念、常用网络维护命令、常见的网络传输介质及组网设备、小型局域网的组网方法、交换机的基本概念、交换机基本命令、VLAN 配置、路由基础知识及路由配置方法、ACL 配置方法等。

【教学目标】

◆了解计算机网络的基本概念、常用网络传输介质及常用组网设备。
◆了解交换机的基础知识。
◆了解路由基本知识。
◆了解 ACL 的基本概念。
◆掌握常用的网络维护命令。
◆掌握双绞线的制作方法。
◆掌握小型办公、家庭区域网络的组建方法。
◆掌握交换机的基本命令。
◆掌握虚拟局域网的配置方法。
◆掌握 RIP、OSPF 的配置方法。
◆掌握 ACL 的配置方法。

4.1　计算机网络基础

4.1.1　计算机网络基本概念

在计算机网络出现之前，计算机都是独立的设备，每台计算机独立工作，互不联系。计算机与通信技术的结合，对计算机系统的组织方式产生了深远的影响，使计算机之间的相互访问成为可能。不同种类的计算机通过同种类型的通信协议相互通信，产生了计算机网络。

通俗地讲，计算机网络就是“把地理位置上分散的、两台以上独立的计算机，通过传输介质和通信设备连接起来，在网络操作系统、网络管理软件及网络通信协议的管理和协调下，实现资源共享和信息传递的计算机系统”。根据网络范围的不同，通常将计算机网络分为广域网、城域网和局域网，如互联网 Internet 是最大的广域网，校园网属于局域网，某个城市医疗卫生网属于城域网，家庭区域网属于局域网等。

用于计算机网络通信的传输介质可分有线和无线两大类。常见的有线传输介质包括双绞线、同轴电缆、光纤等；根据无线电波频带的不同，无线传输介质可分为无线电波、微波、红外、卫星传输等类型。

网络中常用的通信设备包括交换机、防火墙、路由器和中继器等。交换机主要用在局域网中，用于网络的汇聚、扩展及其用户接入。路由器主要用于网络互联，Internet 就是通过路由器把世界上多个局域网或计算机终端连接起来而组成的最大的网络互联系统。防火墙一般布置在局域网的出口，用于保障内部网络安全。

现代计算机网络起源于美国的 ARPANET，网络互联时使用 TCP/IP 协议，数据传输采用分组交换技术。根据 TCP/IP 协议，计算机主机必须配置一个 IP 地址才能连接上网，从而成为 Internet 的一员。现阶段使用的 IP 地址包括 IPV4 和 IPV6 两个版本，由于 IPV4 地址数量有限，目前已经基本分配完毕；IPV6 已经开始使用，但仍处在过渡阶段。为解决 IP 地址不足的问题，除使用 IPV6 之外，目前最常用的方法是在局域网中使用私有 IP 地址，在网络出口进行地址转换(NAT)。根据规定，共有下面三段可供局域网使用的私有 IP 地址：

A 类：10.0.0.1～10.255.255.255　　即 10.0.0.0/8

B 类：172.16.0.1～172.31.255.255　　即 172.16.0.0/12

C 类：192.168.0.1～192.168.255.255　　即 192.168.0.0/16

用户可根据网络规模的大小选择使用不同类别的私有 IP 地址，C 类用于小型局域网，A 类或 B 类用于大型局域网。

建立计算机网络的目的是实现信息交换和资源共享。在网络中，有一些特殊的计算机为用户提供各种专门的服务，如网站服务、邮件服务、游戏服务、DNS 服务、视频点播服务、教育教学服务、办公服务等，这类计算机就是服务器。与普通计算机相比，服务器性能更稳定，速度更快，使用服务器版的操作系统(如 LINUX、UNIX、Windows Server 等)。大多数情况下，服务器还配有专门的存储设备，需要数据库系统的支持。

4.1.2　常用的有线传输介质

网络传输介质是指在网络中传输信息的载体，常用的传输介质分为有线传输介质和无线传输介质两大类。不同的传输介质的特性各不相同，不同的特性对网络中数据通信质量和通信速度有较大影响。有线传输介质主要有双绞线、同轴电缆和光纤等。双绞线和同轴电缆传输电信号，光纤传输光信号。

1. 双绞线

双绞线(Twist-Pair)是综合布线工程中最常用的一种传输介质，通常分为屏蔽双绞线和非屏蔽双绞线两种类型，如图 4-1-1 所示。屏蔽双绞线电缆的外层由铝箔包裹，以减小辐射，但并不能完全消除辐射。屏蔽双绞线价格相对较高，安装比非屏蔽双绞线电缆困难。在没有特殊要求的情况下，工程中一般都使用非屏蔽双绞线。非屏蔽双绞线具有如下优点：

(1)无屏蔽外套，直径小，节省所占用的空间。

(2)重量轻，易弯曲，易安装。

(3)将串扰减至最小或加以消除。

(4)具有阻燃性。

(5)具有独立性和灵活性，适用于结构化综合布线。

双绞线采用一对互相绝缘的金属导线，以互相绞合的方式来抵御一部分外界电磁波干扰。把两根绝缘的铜导线按一定密度互相绞在一起，可以降低信号干扰的程度，每一根导线在传输中辐射的电波会被另一根导线上发出的电波抵消，"双绞线"的名字也由此而来。双绞线是由 4 对双绞线一起包在一个绝缘电缆套管里的，一般双绞线扭线越密，其抗干扰能力就越强。与其他传输介质相比，双绞线在传输距离、信道宽度和数据传输速度等方面均受到一定限制，但价格较为低廉。

屏蔽双绞线　　非屏蔽双绞线

图 4-1-1　常见双绞线

双绞线常见的有3类线、4类线、5类线和超5类线、6类线以及最新的7类双绞线，前者线径细而后者线径粗，具体型号如下：

(1)1类线：主要用于传输语音(1类标准主要用于20世纪80年代初之前的电话线缆)，不用于数据传输。

(2)2类线：传输频率为1MHz，适用于语音传输和最高传输速率为4Mbps的数据传输，常见于使用4Mbps规范令牌传递协议的旧的令牌网。

(3)3类线：指目前在ANSI和EIA/TIA568标准中指定的电缆，该类电缆传输频率为16MHz，适用于语音传输及最高传输速率为10Mbps的数据传输，主要用于10BASE-T网络。

(4)4类线：该类电缆的传输频率为20MHz，适用于语音传输和最高传输速率为16Mbps的数据传输，主要用于基于令牌的局域网和10BASE-T/100BASE-T网络。

(5)5类线：该类电缆增加了绕线密度，外套一种高质量的绝缘材料，传输频率为100MHz，适用于语音传输和最高传输速率为100Mbps的数据传输，主要用于100BASE－T和10BASE－T网络。这是最常用的以太网电缆。

(6)超5类线：超5类线衰减小、串扰少，具有更高的衰减串扰比(ACR)和信噪比(Structural Return Loss)、更小的时延误差，性能较5类线有很大提高。超5类线主要用于千兆位以太网(1000Mbps)。

(7)6类线：该类电缆的传输频率为1～250MHz，它提供2倍于超5类线的带宽。6类布线的传输性能远远高于超5类标准，最适用于传输速率高于1Gbps的应用。6类与超5类的一个重要的不同点在于：改善了在串扰以及回波损耗方面的性能，对于新一代全双工的高速网络应用而言，优良的回波损耗性能是极重要的。6类标准中取消了基本链路模型，布线标准采用星形的拓扑结构，要求的布线距离为：永久链路的长度不能超过90m，信道长度不能超过100m。

(8)7类线：这是最新的一种双绞线，主要为了适应万兆位以太网技术的应用和发展。它是一种屏蔽双绞线，可以提供至少500MHz的综合衰减对串扰比和600MHz的整体带宽，超过6类线的2倍，传输速率可达10Gbps。在7类线缆中，每一对线都有一个屏蔽层，四对线合在一起还有一个公共大屏蔽层。从物理结构上来看，额外的屏蔽层使得7类线有一个较大的线径。

目前，市场上常见的双绞线品牌有安普、西蒙、朗讯、IBM、一舟、TCL等。

2. 同轴电缆

同轴电缆(Coaxial Cable)也是局域网中最常见的传输介质之一，它以单根铜导线为内芯（电缆铜芯），外裹一层绝缘材料（绝缘层），外覆密集网状导体（铜网），最外面是一层保护性塑料（外绝缘层）。由于金属屏蔽层能将磁场反射回中心导体，同时也使中心导体免受外界干扰，故同轴电缆比双绞线具有更高的带宽和更好的噪声抑制特性，如图 4-1-2 所示。

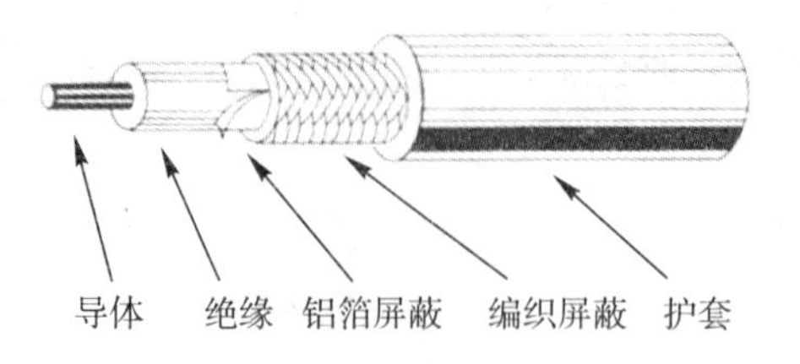

图 4-1-2 同轴电缆结构图

同轴电缆根据其直径大小可以分为粗同轴电缆与细同轴电缆。粗缆适用于比较大型的局部网络，它的标准距离长，可靠性高，由于安装时不需要切断电缆，因此可以根据需要灵活调整计算机的入网位置。但粗缆网络必须安装收发器电缆，安装难度大，所以总体造价高。相反，细缆安装则比较简单，造价低，但由于安装过程要切断电缆，两头须装基本网络连接头（BNC），然后接 T 型连接器两端，所以当接头多时，容易产生不良的隐患，这是目前运行中的以太网所发生的最常见故障之一。

目前，同轴电缆被光纤大量取代，但仍广泛应用于有线电视和某些局域网。

3. 光缆

光纤（Fiber）即光导纤维，是一种细小、柔韧并能传输光信号的介质。光缆由多条光纤组成，目前常用的光缆一般最少有两芯，多则上百芯，以满足不同的需求。光缆一般由外壳、加固纤维材料、塑料屏蔽、光纤和包层组成，如图 4-1-3 所示。20 世纪 80 年代初期，光缆开始进入网络布线，随即被大量使用。与铜缆（双绞线和同轴电缆）相比，光缆适应目前网络对长距离传输大容量信息的要求，在计算机网络中发挥着十分重要的作用，成为传输介质中的首选。

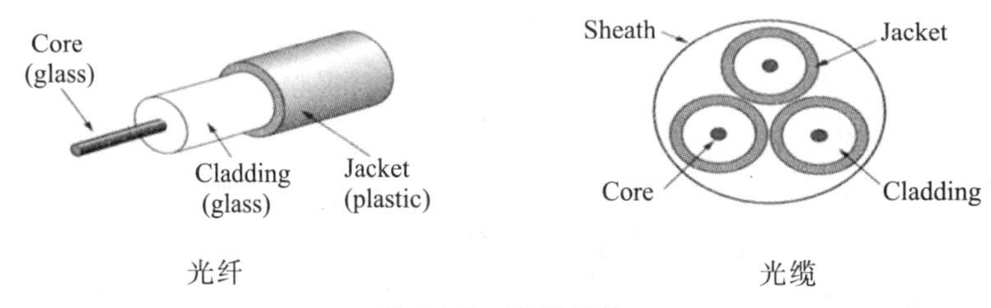

图 4-1-3 光缆结构

（1）光纤的传输特性。光纤通信系统是以光波为载频、光纤为传输介质的通信方式。光纤中有光脉冲出现时，表示数字“1”，反之表示数字“0”。光纤通信的主要组成部分包括光发送机、光接收机和光纤，当进行长距离信息传输时，还需要中继机。通信中，由光发送机产生光束，将表示数字代码的电信号转变成光信号，并将光信号导入光纤，光信号在光纤中传播，在另一端由光接收机负责接收光纤上传出的光信号，并进一步将其还原成为发送前的电信号。光纤系统使用两种不同类型的光源：发光二极管（LED）和激光二极管。发光二极管是一种固态器件，有电流通过时就发光。激光二极管也是一种固态器件，它根据激光器原理进行工作，即通过激励量子电子效应来产生一个窄带宽的超辐射光束。LED 价格较低，可工作在较大的温度范围内，并且有较长的工作周期。激光二极管的效率较高，可以保持很高的数据传输率。从整个通信过程来看，一条光纤是不能用于双向通信的，因此，目前计算机网络中一般使用两条以上的光纤来通信。若只有两条，则一条用来发送信息，另一条用来接收信息。在实际应用中，光缆的两端都应安装光纤收发器或接到交换机的光模块上。光纤收发器集成了光发送机和光接收机的功能：既负责光的发送，也负责光的接收。目前，光纤的数据传输率可达几千兆比特每秒，传输距离达几十甚至上百千米。

(2)光缆在计算机网络中的应用。因为光缆的数据传输率可达几千兆比特每秒，无中继传输距离达几十甚至上百千米，所以在网络布线中得到了广泛应用。在广域网中，一般使用光纤作为远距离传输介质；在局域网中，主要使用光纤连接建筑群；在数据中心，使用光纤连接存储与服务器等。目前光缆主要用于交换机到服务器的连接以及交换机到交换机的连接，但随着光缆及其配件性能价格比不断趋于合理，在普通网络中，光缆到桌面也将成为可能。网络布线中一般使用 62.5μm/125μm(纤芯直径/包层直径)、50μm/125μm、100μm/140μm 规格的多模光缆和 8.3μm/125μm 规格的单模光缆。在户外布线大于 2km 时，为了扩大网络范围，可选用单模光缆。

4.1.3 常用的组网设备

1. 网卡

网卡是网络接口卡 NIC(Network Interface Card)的简称，也叫网络适配器，它是物理上连接电脑与网络的硬件设备，是局域网最基本的组成部分之一，如图 4-1-4 所示。

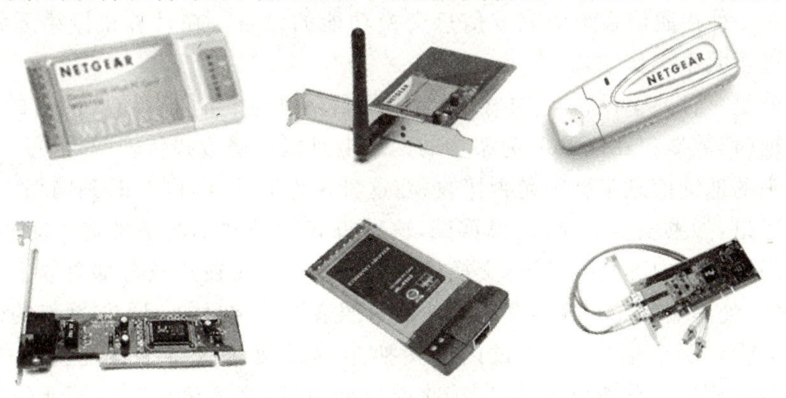

图 4-1-4 常见的网卡

根据网络接入方式的不同，网卡分为有线网卡和无线网卡两种类型。有线网卡中，以提供双绞线接入的 RJ45 接口的网卡居多。随着光纤的广泛应用，光纤接口的网卡应用也越来越多。

网卡通常集成在电脑的主板上，不需要另外购买；也有外接的网卡，如 USB 网卡，通过 USB 接口接入电脑。

2. 中继器与集线器

中继器(RP Repeater)是连接网络线路的一种装置，常用于两个网络节点之间物理信号的双向转发工作。中继器是最简单的网络互联设备，主要完成物理层的功能，负责在两个节点间按位传递信息，完成信号的复制、调整和放大功能，以此延长网络的长度。中继器工作于 OSI 参考模型的第一层，即物理层。

由于存在损耗，故线路上传输的信号功率会逐渐衰减，衰减到一定程度时将造成信号失真，从而导致接收错误。中继器就是为解决这一问题而设计的，它完成物理线路的连接，对衰减的信号进行放大，保持与原数据相同。

一般情况下，中继器两端连接的是相同的媒体，但有的中继器也可以完成不同媒体的转接工作。从理论上讲，中继器的使用是无限的，网络也因此可以无限延长。事实上这是不可能的，因为网络标准中都对信号的延迟范围作了具体的规定，中继器只能在规定范围内进行有效的工作，否则会引起网络故障。以太网络标准约定，一个以太网只允许出现 5 个网段，最多使用 4 个中继器，而且其中只有 3 个网段可以挂接计算机终端。

集线器(Hub)的主要功能是对接收到的信号进行再生整形放大，以延长网络的传输距离，同时把所有节点集中到以它为中心的节点上。集线器工作于 OSI 参考模型的第一层，采用 CSMA/CD(即带冲突检测的载波监听多路访问技术)介质访问控制机制。

hub 是一个多端口的中继器，当以 hub 为中心设备时，如网络中某条线路产生了故障，并不影响其他线路的工作，所以 hub 在局域网中得到广泛应用。大多数 hub 用于星型与树型网络拓扑结构，以 RJ45 接口与各主机相连(也有 BNC 接口)。

由于技术的进步，中继器和集线器已经逐渐被更先进的网络设备——交换机所取代。

3. 交换机

(1)交换机原理。交换(Switching)是按照通信两端传输信息的需要，用人工或设备自动完成的方法，把要传输的信息送到符合要求的相应路由上的技术的统称。广义的交换机(Switch)就是一种在通信系统中完成信息交换功能的设备。在计算机网络系统中，交换概念的提出改进了共享工作模式。

集线器就是一种共享设备，它本身不能识别目的地址，当同一局域网内的 A 主机给 B 主机传输数据时，数据包在以 hub 为架构的网络上是以广播方式传输的，由每一台终端通过验证数据包头的地址信息来确定是否接收；在这种工作方式下，同一时刻网络上只能传输一组数据帧的通讯，如果发生碰撞，还得重试，这种方式就是共享网络带宽。交换机拥有一条高带宽的背部总线和内部交换矩阵，交换机所有端口都挂接在这条背部总线上，控制电路收到数据包以后，处理端口会查找内存中的地址对照表以确定目的 MAC(网卡的硬件地址)的 NIC(网卡)挂接在哪个端口上，通过内部交换矩阵迅速将数据包传送到目的端口；目的 MAC 若不存在，则广播到所有的端口，接收端口回应后，交换机会“学习”新的地址，并把它添加入内部 MAC 地址表中。

使用交换机也可以把网络“分段”，通过对照 MAC 地址表，交换机只允许必要的网络流量通过交换机。通过交换机的过滤和转发，可以有效地隔离广播风暴，减少误包和错包的出现，避免共享冲突。

交换机在同一时刻可进行多个端口对之间的数据传输。每一端口都可视为独立的网段，连接在其上的网络设备独自享有全部带宽，无须同其他设备竞争使用。当节点 A 向节点 D 发送数据时，节点 B 可同时向节点 C 发送数据，而且这两个传输都享有网络的全部带宽，都有自己的虚拟连接。如使用 100Mbps 以太网交换机，那么该交换机的总流通量就等于 200Mbps；而使用 100Mbps 的共享式 hub 时，总流通量不会超出 100Mbps。

(2)交换机分类。根据所支持的网络带宽，局域网交换机主要包括以太网交换机、快速以太网交换机、千兆以太网交换机和 10 千兆以太网交换机等类型，其中快速以太网交换机所支持的网络带宽达到 100/100/1000Mbps 自适应交换机是目前的主流应用产品。

根据应用环境级别划分，通常可以将交换机分为企业级交换机、部门级交换机、工作组级交换机和桌面型交换机等。其中，企业级交换机一般面向整个企业网络的骨干级网段，能够提供较高的网络带宽和承受较大的数据流量；部门级交换机和工作组级交换机则主要面向较小的网络规模，一般提供 10/100/1000Mbps 自适应的带宽；桌面型交换机则主要面向办公室和家庭用户。如图 4-1-5(a)所示为桌面型交换机，图 4-1-5(b)所示为部门级交换机，图 4-1-5(c)所示为企业级交换机。

根据在 OSI 参考模型中的工作层次，可以将交换机划分为二层交换机、三层交换机和四层交换机。其中二层交换机工作在 OSI 参考模型的第二层(即数据链路层)，此类交换机能够识别数据包中的 MAC 地址，然后根据 MAC 地址进行数据转发，并将这些 MAC 地址与对应的端口记录在自身的地址表中，是目前应用最广泛的交换机类型。

另外，除了上述提到的分类标准，还可以根据是否支持网络管理功能将交换机分为网管型交换机和非网管型交换机两类。目前网络规模越来越大，在大型局域网环境中，一般都会采用具有网管功能的交换机；后面章节中划分的 VLAN、配置 ACL 等都只有在可网管的交换机中才能进行。

目前市场上常见的交换机品牌有 CISCO(思科)、H3C、华为、锐捷等，桌面型交换机最常见的有 TP-LINK、水星、D-LINK 等。

(a)桌面型交换机

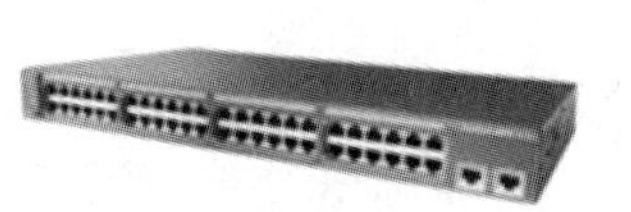
(b)部门级交换机

(c)企业级交换机图

图 4-1-5　常见的交换机

4. 路由器

路由器(Router)又称网关(Gateway)，是连接 Internet 中各局域网、广域网的设备，它可根据信道的情况自动选择和设定路由，以最佳路径、按前后顺序发送信号。目前路由器已经广泛应用于各行各业，各种不同档次的产品已成为实现各种骨干网内部连接、骨干网间互联和骨干网与互联网互联互通业务的主力军。路由器和交换机之间的主要区别就是交换机工作在 OSI 参考模型第二层(数据链路层)，而路由器工作在第三层，即网络层。这一区别决定了路由器和交换机在数据通信的过程中需使用不同的控制信息，即两者实现各自功能的方式是不同的。

路由器用于连接多个逻辑网络，所谓“逻辑网络”，是指一个单独的网络或者一个子网。当数据从一个子网传输到另一个子网时，可通过路由器的路由功能来完成。因此，路由器具有判断网络地址和选择 IP 路径的功能，它能在多网络互联环境中建立灵活的连接，可用完全不同的数据分组和介质访问方法连接各种子网。路由器只接受源站或其他路由器的信息，属于网络层的一种互联设备。

从功能上划分，可将路由器分为骨干级路由器、企业级路由器和接入级路出器，如图

4-1-6所示。

骨干级路由器是实现企业级网络互联的关键设备，数据吞吐量较大，非常重要。对骨干级路由器的基本性能要求是高速度和高可靠性。为了获得高可靠性，网络系统普遍采用诸如热备份、双电源、双数据通路等传统冗余技术。

企业级路由器连接许多终端系统，连接对象较多，但系统相对简单，数据流量较小，对这类路由器的要求是以尽量低的成本实现尽可能多的端点互联，同时还要求能够支持不同的服务质量。

接入级路由器主要应用于连接家庭或 ISP 内的小型企业客户群体。

生产交换机的厂家一般也都生产路由器，目前市场上路由器品牌主要有 CISCO、JUNIPER、华为、H3C、锐捷等。

家庭接入路由器　　企业级路由器　　骨干路由器

图 4-1-6　常见的路由器

4.1.4　常用的网络管理命令

虽然 DOS 时代已经过去，而且现在大多数人不清楚什么是 DOS 命令，但对于网络工作者来说，利用 DOS 命令可以进行网络的管理和维护；对于普通的网络用户，学会基本的网络命令也能够进行简单的网络故障检测。可见，掌握常用的网络管理命令在当今仍然是十分必要的。下面介绍几种 DOS 命令的使用方法。

DOS 命令需要在命令行状态下使用，在 Windows XP 系统中，点击“开始”→“运行”，在对话框中输入“cmd”(Windows 7 点击“开始”，直接在对话框中输入“cmd”)，回车后，弹出如图 4-1-7 所示窗口，就可以进行命令行操作了。

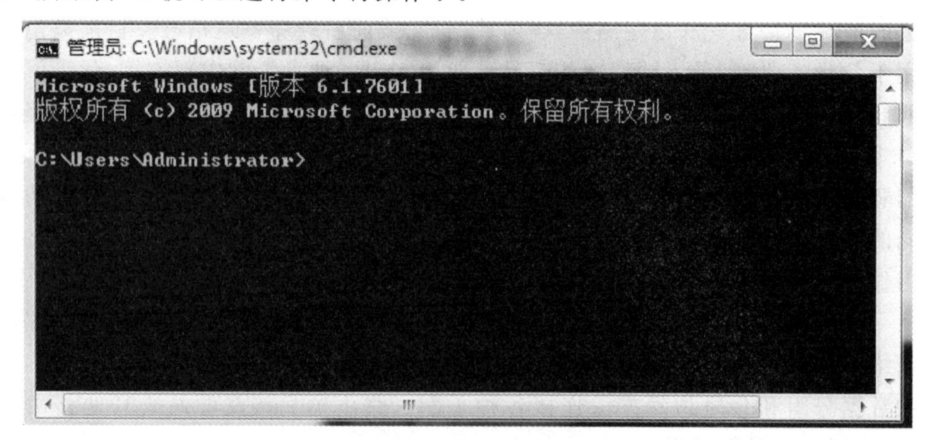

图 4-1-7　DOS 命令行窗口

1. ipconfig/all 命令

(1)功能。查看网络连接的情况，如本机的 IP 地址、子网掩码、DNS 配置、DHCP 配置等。

(2)常见用法。

ipconfig　/all　　显示所有网络配置的参数。

ipconfig　/renew　　在 DHCP 状态下，重新申请 IP 地址。

ipconfig　/release　　在 DHCP 状态下，释放 IP 地址。

ipconfig　/flushdns　　清空 DNS 缓存。

ipconfig　/displaydns　　显示 DNS 解析程序缓存的内容。

(3)举例。

例一：使用 ipconfig 命令显示本地连接的网卡物理地址、IP 地址、子网掩码、网关、DNS 服务器等信息，如图 4-1-8 所示。

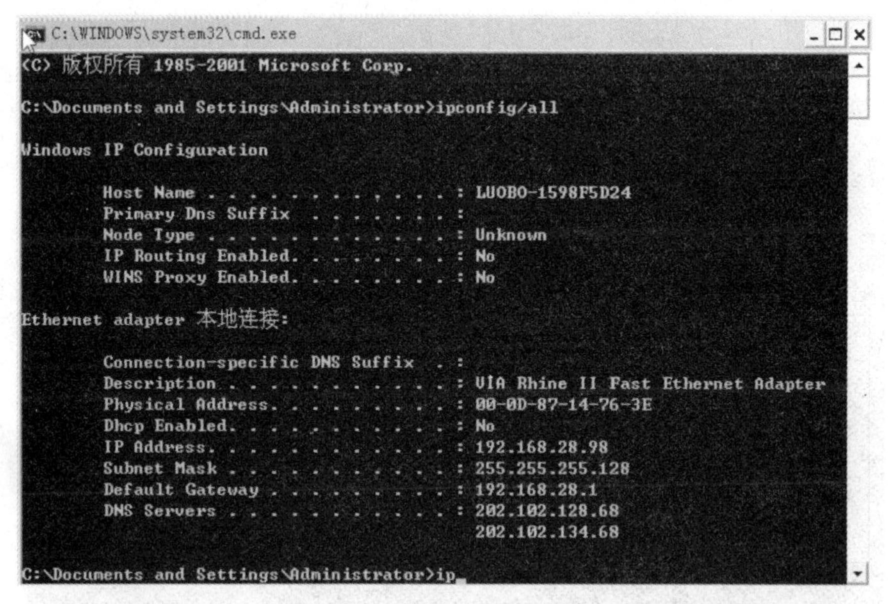

图 4-1-8　ipconfig 命令举例一

例二：显示清除 DNS 缓存信息，如图 4-1-9 所示。

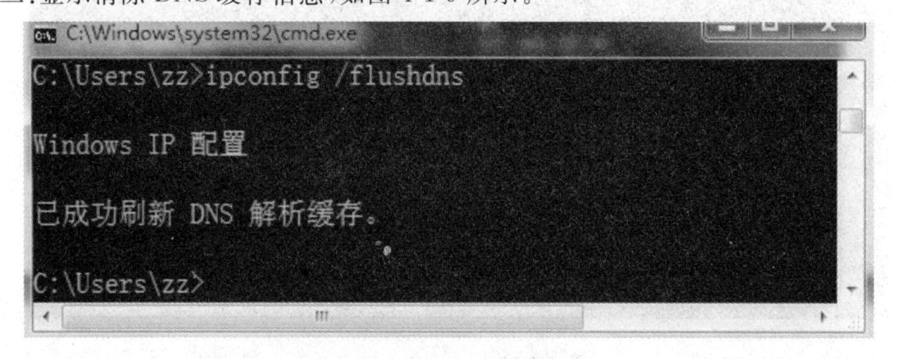

图 4-1-9　ipconfig 命令举例二

2. ping 命令

(1)功能。测试网络的连通性。

(2)主要用法。

ping [参数] IP 或域名

常用参数说明:

-t 连续对 IP 地址执行 ping 命令,直到被用户以 Ctrl+C 中断。

-a 将地址解析为计算机名。

-l size 指定 ping 命令中的数据长度为 size 字节,缺省为 32 字节。

-n connt 执行 ping 命令的次数为 count,默认为 4 次。

参数可以单独使用,也可根据需要组合使用,ping 测试的对象可能是 IP 地址,也可以是主机名。

(3)举例。例一:使用参数-t 的连续执行 ping 操作,对新浪网的域名和 IP 地址进行连通性测试,直到使用 Ctrl+C 中断,如图 4-1-10 所示。

图 4-1-10 ping 命令举例一

例二：使用参数组合对新浪网进行 ping 操作，如图 4-1-11 所示。

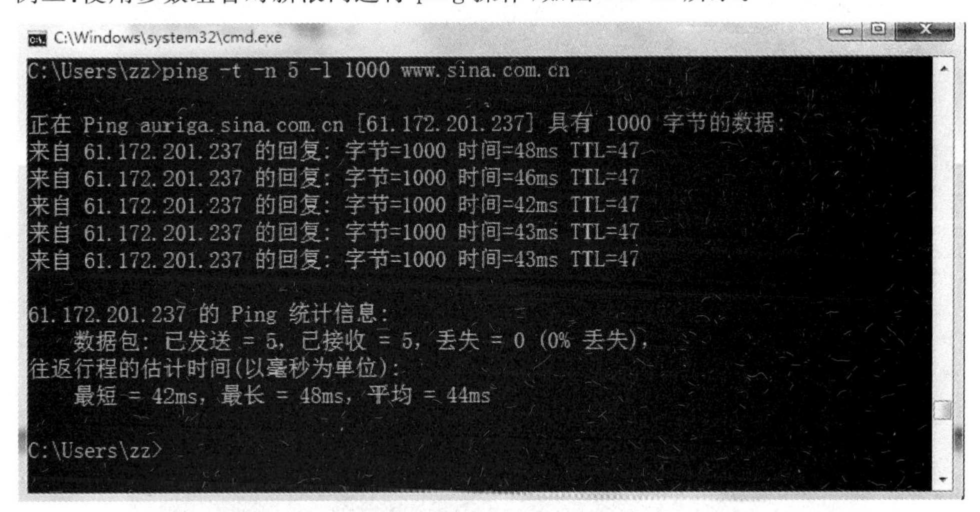

图 4-1-11　ping 命令举例二

注意：TTL 指定数据包被路由器丢失之前允许通过的网段数量。TTL 是由发送主机设置的，转发 IP 数据包时，要求路由器至少将 TTL 减小 1，减到 0 时，丢弃数据包，以防止数据包在 IP 互联网络上永不终止地循环。

例三：如果不能与目标主机通信，则显示请求超时，如图 4-1-12 所示。

```
C:\Windows\system32\cmd.exe
正在 Ping www.bbmc.edu.cn [211.70.128.15] 具有 32 字节的数据:
请求超时。
请求超时。
请求超时。

211.70.128.15 的 Ping 统计信息:
    数据包: 已发送 = 3, 已接收 = 0, 丢失 = 3 (100% 丢失),
Control-C
^C
C:\Users\zz>
```

图 4-1-12　ping 命令举例三

小知识：ping 不通的原因有很多，并不一定就是网络出现了故障，因而要进行客观的分析。ping 不通的原因主要有：电脑网络协议没有正确安装、IP 地址没有正确设置、网络线路故障、网络设备故障、对方电脑防火墙阻止等。

经验：在某些网络环境下，使用 ping 命令不加参数时网络可能十分通畅，但使用 ping-l 命令，用较大数据包进行测试时会出现丢包现象，这样可以排除某些网络设备（如光纤收发器）发生故障时不能处理较大流量数据的网络故障。

3. netstat 命令

(1)功能。netstat 命令监控 TCP/IP 网络非常有用的工具，它可以显示路由表、实际的网络连接以及每一个网络接口设备的状态信息。netstat 用于显示与 IP、TCP、UDP 和 ICMP 协议相关的统计数据，一般用于检验本机各端口的网络连接情况。

(2)用法及参数说明。如图 4-1-13 所示。

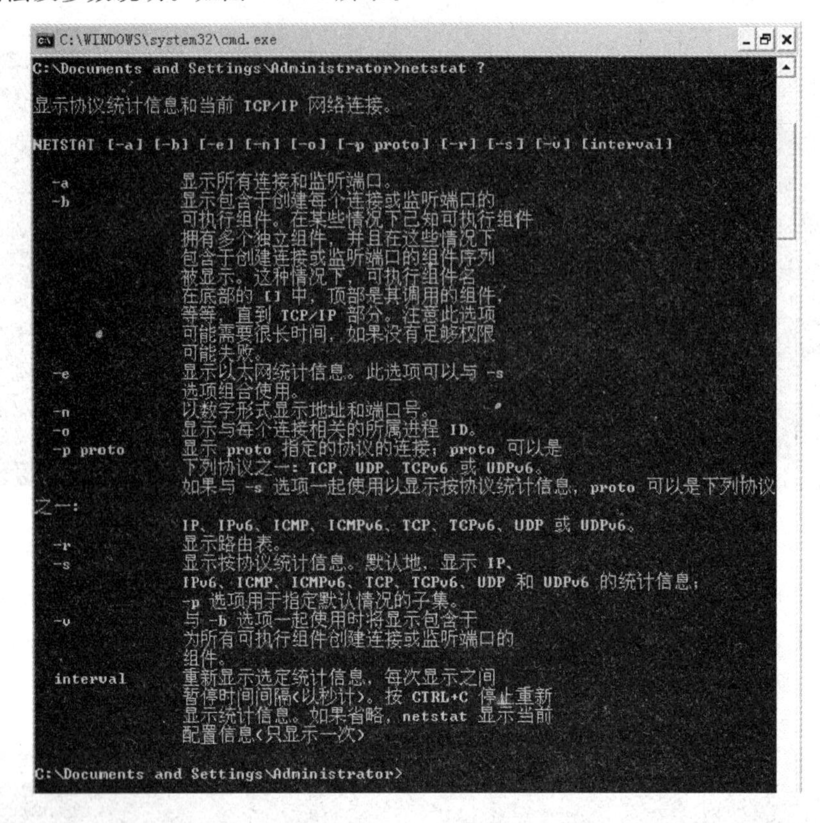

图 4-1-13 netstat 命令用法及参数说明

(3)举例。例一：使用 netstat-e 显示本机以太网端口统计信息，如图 4-1-14 所示。

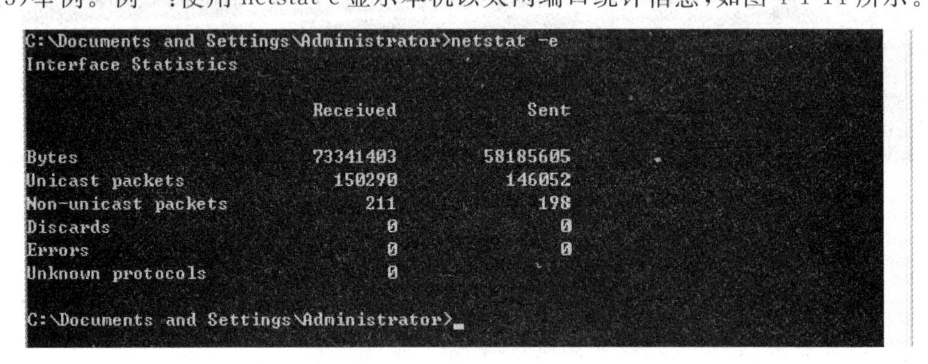

图 4-1-14 netsat 命令举例一

例二：netstat-a 查看本机所有连接和监听端口情况，如图 4-1-15 所示。

图 4-1-15　netsat 命令举例二

4. tracert 命令

（1）功能。进行路由跟踪，用于确定 IP 数据包访问目标主机所经过的路径。tracert 命令常用于网络调试和故障诊断。

（2）格式和参数。如图 4-1-16 所示。

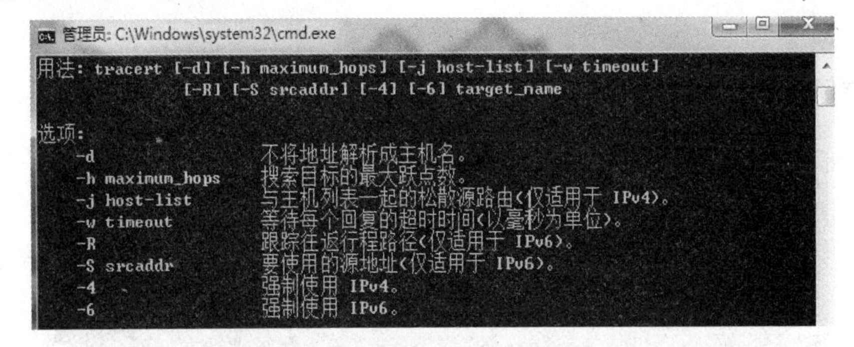

图 4-1-16　tracert 命令用法及参数说明

（3）举例。使用 tracert 命令跟踪访问 www.edu.cn 所经过的路径，如图 4-1-17 所示。

```
管理员: C:\Windows\system32\cmd.exe
C:\Users\Administrator>tracert -d  www.edu.cn

通过最多 30 个跃点跟踪
到 www.edu.cn [202.112.0.36] 的路由:

  1    <1 毫秒   <1 毫秒   <1 毫秒 211.70.128.251
  2    <1 毫秒    1 ms    <1 毫秒 211.70.143.9
  3     2 ms     1 ms     1 ms  210.45.231.150
  4     7 ms     7 ms     7 ms  210.45.229.10
  5     8 ms     7 ms     7 ms  202.112.46.125
  6     8 ms     8 ms     8 ms  101.4.113.54
  7     7 ms     7 ms     7 ms  101.4.115.201
  8    14 ms    14 ms    14 ms  101.4.112.61
  9    39 ms    39 ms    39 ms  101.4.117.38
 10     *       34 ms    32 ms  101.4.112.1
 11    33 ms    33 ms    33 ms  101.4.117.218
 12    31 ms    32 ms    32 ms  202.112.0.36

跟踪完成。
```

图 4-1-17 tracert 命令举例

5. telnet 命令

(1)功能。通过网络远程登录到另一台目标主机,如可以远程登录到一台开启了 telnet 服务的网络设备(如交换机、服务器、路由器、防火墙等)进行管理。

(2)格式和参数。如图 4-1-18 所示。

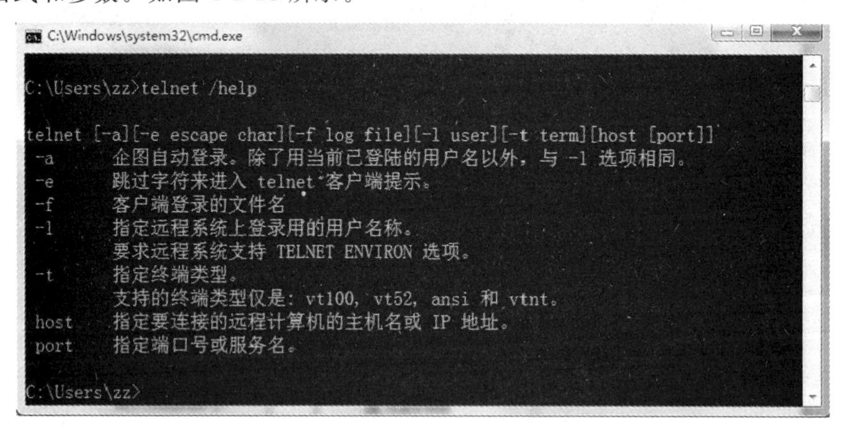

图 4-1-18 telnet 命令格式和参数说明

(3)举例。使用 telnet 220.178.150.44 远程登录到防火墙,如图 4-1-19 所示。

图 4-1-19 telnet 命令举例

6. mstsc 命令

(1)功能。使用远程桌面的方式登录到远程的 Windows 系统计算机。

(2)方法。第一步:在需要被远程登录的计算机上右键单击桌面电脑,点击“属性”,选择远程设置,选择允许运行任意版本远程桌面的计算机连接开通远程功能。

第二步:为计算机设置用户名和密码。

第三步:点击“开始”,在搜索栏(Windows 7 系统)中输入 mstsc.exe,按回车键,打开远程桌面连接,如图 4-1-20 所示。

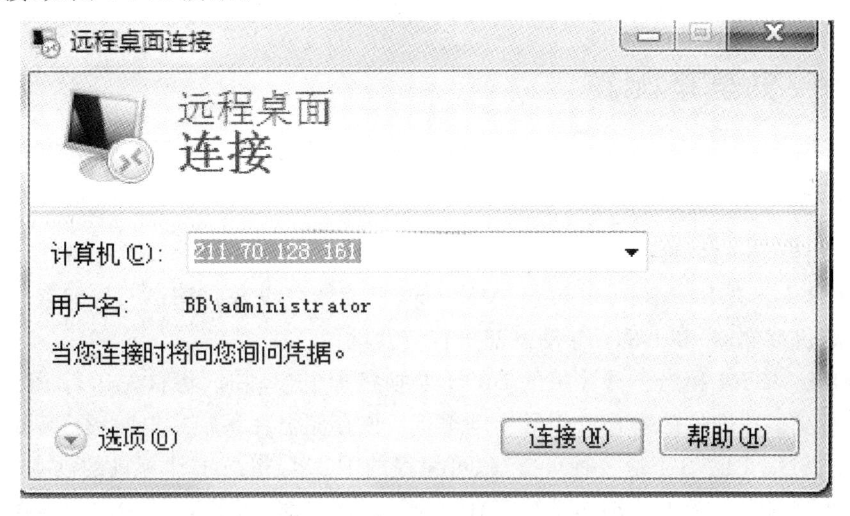

图 4-1-20　远程桌面登录示意图

第四步:点击“连接”,在弹出的窗口中输入用户名和密码即可。

4.2　小型办公、家庭区域网络

4.2.1　小型办公、家庭区域网简介

随着信息化的发展,目前,家庭、办公室、学生宿舍等都有连接小型局域网的需求。在家庭里,多数有两台以上的电脑,同时有手机、平板电脑等移动终端需要共享网络;在办公室,有多台电脑需要共享文件、打印机、扫描仪等;在宿舍里,同学电脑之间可以通过网络共享资源、进行网络游戏等。以上网络,结构十分简单,通常终端数量不超过 20 个,网络中任意节点既可作为服务器为其他节点提供资源,也可作为客户机分享其他节点的计算机资源。

4.2.2　常见小型办公、家庭区域网的结构

常见的小型办公、家庭局域网的结构如图 4-2-1 所示。

(a)双机直连　　　　(b)多机通过交换机连接

图 4-2-1　常见小型局域网的结构

4.3　交换机基本配置

4.3.1　交换机基础知识

交换机相当于一台特殊的计算机，软件包含操作系统，硬件包含 CPU、端口和存储介质等。存储介质主要有 ROM(Read-Only Memory，只读储存设备)、FLASH(闪存)、NVRAM(非易失性随机存储器)和 DRAM(动态随机存储器)。

(1)ROM。ROM 相当于计算机的 BIOS，交换机加电启动时，将首先运行 ROM 中的程序，以实现对交换机硬件的自检并引导启动 IOS。该存储器在系统掉电时程序不会丢失。

(2)FLASH。FLASH 是一种可擦写、可编程的 ROM，相当于计算机的硬盘，但速度要快得多，可通过写入新版本的操作系统实现对交换机的升级。FLASH 中的程序在掉电时不会丢失。

(3)NVRAM。NVRAM 是用于存储交换机的配置文件，该存储器中的内容在系统掉电时也不会丢失。

(4)DRAM。DRAM 是一种可读写存储器，相当于计算机的内存，其内容在系统掉电时将完全丢失。

目前，市场上的主流交换机品牌有 CISCO、华为、H3C 等，本章后面的配置将基于 H3C 交换机进行。H3C 系列交换机所使用的操作系统是 Comware，Comware 操作系统有以下特点：

(1)支持通过命令行(Command-Line Interface，CLI)或 Web 界面对交换机进行配置和管理。

(2)支持通过交换机的控制端口(Console)或 Telnet 会话来登录、连接、访问交换机。

(3)命令不区分大小写。

(4)在不引起混淆的情况下，支持命令简写。

(5)可随时使用? 来获得命令行帮助。

(6)可用 Tab 键来实例命令。

4.3.2　H3C 交换机基本命令

H3C 系列设备提供丰富的功能，相应也提供了多种配置和查询的命令。为便于使用这些命令，将命令按功能分类进行组织。当使用某个命令时，需要先进入这个命令所在的特定分类(视图)。H3C 的几种视图模式如下：

(1)用户视图。启动交换机第一个看到的视图，其表示方式为〈H3C〉，在用户视图下可以进行最简单的命令，如 dis cu、dis ver 等。

(2)系统视图。在用户视图下输入 system－view，进入系统视图，其表示方式为[H3C]，系统视图下可以进一步查看交换机的配置信息和调试信息，还可以进入具体的配置视图进行参数的配置等。

(3)以太网端口视图。在系统视图输入 interface 命令可以进入以太网端口视图，如在[H3C]后输入 interface e1/0/1，就进入了该交换机的第一个端口。表示方式为：[H3C－Ethernet0/1]。

(4)VLAN 视图。在系统视图输入 vlan vlan1 就可以进入 VLAN 视图，主要完成对 VLAN 的属性配置，表示方式为：[H3C－VLAN1]。

(5)VTY 视图。在系统视图输入 user－interface VTY number 就可以进入 VTY 用户视图，在该视图可以配置登录用户的验证信息。

下面介绍 H3C 常用的命令。

1. 路由相关配置命令举例

[H3C]sysname router_name	命名路由器(或交换机)
[H3C]delete	删除 Flash ROM 中的配置
[H3C]save	将配置写入 Flash ROM
[H3C]interface serial 0	进入接口配置模式
[H3C]quit	退出接口模式进入系统视图
[H3C]shutdown/undo shutdown	关闭/重启接口
[H3C]ip address ip_address subnet_ma	为接口配置 IP 地址和子网掩码
[H3C]display version	显示 VRP 版本号
[H3C]display current－configuration	显示系统运行配置信息
[H3C]display interfaces	显示接口配置信息
[H3C]display ip routing	显示路由表
[H3C]ping ip_address	测试网络连通性
[H3C]tracert ip_address	测试数据包从主机到目的地所经过的网关
[H3C]debug all	打开所有调试信息
[H3C]undo debug all	关闭所有调试信息
[H3C]info－center enable	开启调试信息输出功能
[H3C]info－center console debugging	将调试信息输出到 PC
[H3C]info－center monitor debugging	将调试信息输出到终端

2. 交换机配置命令举例

(大括号{}中的选项为单选项)

[H3C]super password password	修改特权模式口令
[H3C]sysname switch_name	命名交换机(或路由器)
[H3C]interface ethernet 0/1	进入接口视图
[H3C]quit	退出系统视图

[H3C－Ethernet0/1]duplex{half|full|auto}　配置接口双工

[H3C－Ethernet0/1]speed{10|100|auto}　配置接口速率

[H3C－Ethernet0/1]flow－control　开启流控制

[H3C－Ethernet0/1]mdi{across|normal|auto}　配置 MDI/MDIX

[H3C－Ethernet0/1]shutdown/undo shutdown　关闭/重启端口

3. VLAN 基本配置命令

[H3C]vlan 3　创建并进入 VLAN 配置模式

注意：缺省时系统将所有端口加入 VLAN 1，这个端口既不能被创建也不能被删除。

[H3C]undo vlan 3　删除一个 VLAN

[H3C－vlan3]port ethernet 0/1 to ethernet 0/4　给 VLAN 增加/删除接口

[H3C－Ethernet0/2]port access vlan 3　将本接口加入到指定 VLAN id

[H3C－Ethernet0/2]port link－type{access|trunk|hybrid} 设置端口工作方式，access（缺省）不支持 802.1q 帧的传送，而 trunk 支持（用于 Switch 间互连），hybrid 和 trunk 的区别在于 trunk 只允许缺省 VLAN 的报文发送时不打标签，而 hybrid 允许多个 VLAN 报文发送时不打标签。

4. 端口聚合配置命令

[H3C]link－aggregation ethernet 0/7 to ethernet 0/10{ingress|both}　配置端口聚合

Port_num1 为端口聚合组的起始端口号，Port_num2 为终止端口号，ingress 为接口入负荷分担方式，both 为接口出负荷分担方式。

5. STP 基本配置命令

[H3C]stp{enable|disable}　开启/关闭 STP 功能，默认关闭，开启后所有端口都参与 STP 计算。

[H3C－Ethernet0/3]stp disable　关闭指定接口上的 STP 功能，如某些网络不存在环路，可以关闭 STP。

6. PPP 配置命令

[H3C－Serial0]link－protocol ppp　封装 PPP 协议

[H3C－Serial0]ppp authentication－mode{pap|chap}　设置验证类型

[H3C]local－user username password{simple|cipher} password 配置用户列表

7. RIP 协议配置命令

[H3C]display rip　显示 RIP 配置信息

[H3C]rip　启动并进入 RIP 配置模式

[H3C－rip]network{network_number|all}　在指定网络上使能 RIP

[H3C－rip]peer ip_address　配置报文的定点传送

[H3C－Ethernet0]rip version{1|2 [bcast|mcast]}　指定 RIP 版本及传送方式

[H3C－Serial0]rip work　指定接口工作状态

[H3C－rip]auto－summary　配置 RIP－2 路由聚合

[H3C－Serial0]rip authentication simple password　配置 RIP－2 明文认证密码

[H3C－Serial0]rip authentication md5 key－string string　配置 RIP－2 MD5 密文

[H3C－Serial0]rip authentication md5 type {nonstandard－compatible|usual}

指定 MD5 类型

[H3C]debugging rip packet　　打开 RIP 调试开关

[H3C]info－center console　　将调试信息输出到 PC

8. 静态路由配置命令

[H3C]ip route ip_address subnet_mask{interface_name|gateway_address} [preference preference_value] [reject|black_bone]

[命令说明] reject:任何去往该目的地的报文均被丢弃,通知源主机不可达。

black_bone:任何去往该目的地的报文均被丢弃,不通知源主机。

当只有下一跳的接口是 PPP 或 HDLC 接口才能写 interface_name,如 Serial0,否则只能写 gateway_address(下一跳地址)。

[命令举例]

[H3C]ip route 129.1.0.0 16 10.0.0.2

[H3C]ip route 129.1.0.0 255.255.0.0 10.0.0.2

[H3C]ip route 129.1.0.0 16 Serial2

[H3C]ip route 0.0.0.0 0.0.0.0 10.0.0.2　　配置缺省路由

9. OSPF 配置命令

[H3C]router id ip_address　　配置 Router ID

[H3C]ospf enable　　启用 OSPF 协议

[H3C－Serial0]ospf enable area area_id　　配置当前接口所属的 OSPF 区域

4.4 虚拟局域网(VLAN)技术

4.4.1 VLAN 简介

虚拟局域网(Virtual Local Area Network,VLAN)是通过软件的方法将局域网内设备划分成一个个网段的技术。这里所说的网段仅仅是逻辑网段的概念,而不是真正的物理网段。可以将 VLAN 理解为在物理网络上通过设备配置地划分出来的逻辑网络,相当于 OSI 参考模型第二层的广播域。由于实现了广播域分隔,因此 VLAN 可以将广播风暴控制在一个 VLAN 内部,划分 VLAN 后,随着广播域的缩小,网络中广播包消耗的带宽所占比例大大降低,网络性能得到显著提高。由于不同 VLAN 间的数据传输是通过第三层(网络层)的路由来实现的,因此,使用 VLAN 技术,结合数据链路层和网络层的交换设备,可搭建安全可靠的网络。同时,由于 VLAN 是逻辑的而不是物理的,因此,在规划网络时可以避免地理位置的限制。

综上所述,VLAN 具有控制网络广播、提高网络性能、分隔网段、确保网络安全、简化网络管理、提高组网灵活性的功能。

4.4.2 VLAN 组网方法

常见的 VLAN 划分方法主要有下面几种:

(1)基于端口划分 VLAN(Port-Based)。指定交换机上的哪些端口组成一个 VLAN。

早期基于端口的 VLAN 成员只能位于同一个交换机中，现在基于端口的 VLAN 支持多个交换机。例如，交换机 A 上的端口 1 和端口 2 与交换机 B 上的端口 3 和端口 4 可以构成一个 VLAN，只要交换机 A 和交换机 B 连接在一起(堆叠或级联)。此种方式的优点是直观，缺点是当工作站移动或使用者变更(如更换办公室)时，需要重新配置交换机。

(2)基于 MAC 地址划分 VLAN(MAC-LayerGrouping)：指定一组 MAC 地址构成一个 VLAN，用户属于哪个 VLAN 由其网卡中的 MAC 地址决定。此种方式的优点是用户、主机可以移动，缺点是更换网卡或主机后，需要重新配置交换机，同时需要管理员记录大量 MAC 地址及其与用户、主机的对应关系。

(3)基于网络层地址划分 VLAN(Network-LayerGrouping)：指定一组网络地址(如一组 IP 地址)构成一个 VLAN。此种方法的优点是用户、主机可以随意移动，缺点是效率较前述方法低，且 IP 地址可冒用，不具有唯一性。

(4)基于协议划分 VLAN(Protocol-Based)：指定使用某种协议的节点组成一个 VLAN。由于目前基本上都使用 TCP/IP 协议，因此这种方式的适用性较低。

(5)基于策略划分 VLAN(Policy-Based)：策略源于网络管理，主要是指网络管理行为所遵守的规则。这些规则涉及网络管理员和软硬件系统的禁止、允许、授权等行为，尤其是当网络产生报错信息时，网络和网络管理员应该采取的措施。

4.5 网络互联技术

4.5.1 网络互联基本概念

网络互联是指将两个以上的计算机网络，通过一定的方法，用一种或多种通信处理设备相互连接起来，以构成更大的网络系统。网络互联的形式包括局域网与局域网互联、局域网与广域网互联、局域网与广域网和局域网互联、广域网与广域网互联等四种。网络互联最常用的设备是路由器。

网络互联将分布在不同地理位置的网络、网络设备连接起来，构成更大规模的网络系统，以实现网络的数据资源共享。相互连接的网络可以是同种类型的网络，也可以是运行不同网络协议的异型系统。

4.5.2 路由基本知识

路由，简单地说就是指导网络层 IP 数据包进行转发的路径信息。路由包括寻径和转发两个基本动作，在互联网上完成路由选择需要使用路由器，路由器是一种能将异构网络互联起来的设备，实现将一个数据包从一个网络发送到另一个网络。寻径是指路由器根据静态或动态方式来获取所有网络的路径信息，并形成有效路由表，使得互联的每一个路由器成为数据报文的转发中继点；转发是指路由器根据接收数据包报头的目的地址，以路由转发表为依据，为数据包选择一个合适的出口路径，将数据包传送到下一个路由器的过程。

数据包在网络上的传输是通过每个路由器一步一步地逐级将数据包经过最优路径转发到目的地的，每一个路由器只负责将数据包在本站通过最优的路径发送到下一跳，最后一台路由器负责将数据包发送到目的主机。

路由器转发分组的关键是路由表。每个路由器都保存着一张路由表，表中每条路由项都指明要到达某子网或某主机的分组应通过路由器的哪个物理接口发送，就可到达该路径的下一个路由器，或者不需再经过别的路由器便可传送到直接相连的网络中的目的主机。根据来源不同，路由表中的路由通常可分为以下三类：一是链路层协议发现的路由（也称为接口路由或直连路由）；二是由网络管理员手工配置的静态路由；三是动态路由协议发现的路由。路由表中包含了目的地址、网络掩码、出接口、下一跳IP地址、优先级等关键项。

对于同一目的地，可能存在若干条不同下一跳的路由，这些不同的路由可能是由不同的路由协议发现的，也可能是手工配置的静态路由。优先级高（数值小）的路由将成为当前的最优路由。

4.5.3 直连路由与静态路由

直连路由是指路由器接口直接相连网段的路由。直连路由不需要特别的配置，只需在路由器的接口上配置IP地址及掩码。路由器会根据接口的状态来决定是否使用此路由。如果接口的物理层和链路层状态均为UP，路由器就认为该接口工作正常，该接口所属网段的路由即可生效并以直连路由出现在路由表中；如果接口的状态为DOWN，路由器认为接口工作不正常，不能通过该接口到其地址所属网段，也就不能以直连路由出现在路由表中。

静态路由是一种特殊的路由，由管理员手工配置。在组网结构比较简单的网络中，只需配置静态路由就可以实现网络互通，恰当地设置和使用静态路由可以改善网络的性能，并可为重要的网络应用保证带宽。静态路由的缺点：不能自动适应网络拓扑结构的变化，当网络发生故障或者拓扑发生变化后，可能会出现路由不可达，导致网络中断，此时必须由网络管理员手工修改静态路由的配置。

4.5.4 动态路由协议

路由协议（Routing Protocol）是用来计算、维护路由信息的协议，它通常采用一定的算法以产生路由，并有一定的方法确定路由的有效性来维护路由。

使用路由协议后，各路由器间会通过相互连接的网络，动态地相互交换所知道的路由信息，通过这种机制，网络上的路由器会知道网络中其他网段的信息，动态地生成、维护相应的路由表。路由表的维护不再由管理员手工配置，而是由路由协议来自动管理。采用路由协议管理路由表在大规模网络中是十分有效的，它可以大大地减轻管理员的工作量。每台路由器上的路由表都是由路由协议通过相互协商自动生成的，管理员所要做的只是在每台路由器上运行动态路由协议。另外，采用路由协议后，网络对拓扑结构变化的响应速度会大大提高。无论是网络正常的增减，还是异常的网络链路故障，相邻的路由器都会检测到它的变化，会把拓扑的变化通知网络中的其他路由器，使它们的路由表也产生相应的变化，这样的过程比手工对路由的修改要快得多，也要准确得多。

在TCP/IP互联网中，常用的路由协议有RIP、OSPF和BGP。

RIP协议是最早的路由协议，其设计思想是为小型网络提供简单易用的动态路由。报文采用UDP封装，端口号为520。由于UDP是非连接的不可靠的传输层协议，因此RIP协议需要通过周期性地广播协议报文来确保邻居收到路由信息。

OSPF是目前主流的路由协议，可以为大中型网络提供分层次的、可靠的路由服务。

OSPF直接采用IP来承载,所有的协议报文都由IP封装后进行传输,协议号为89。为保证协议报文传输的可靠性,OSPF采用了复杂的确认机制来保证可靠传输。

BGP采用TCP来保证协议传输的可靠性,使用TCP端口号179。由于TCP是面向连接的可靠的传输层协议,因此BGP协议不需要自己设计可靠传输机制,降低了协议报文的复杂度和开销。

静态路由与动态路由是不同的,静态路由是在路由器中设置的固定的路由表,除非网络管理员的干预,否则静态路由不会发生变化。通常网络管理员根据其对整个网络拓扑结构的认识和管理,为每台路由器规定其到达非直连网络的下一跳及出口,这种设置方法不能对网络的改变作出反应,一般用于网络规模不大、拓扑结构固定的网络。静态路由的优点是简单、高效、可靠,在所有的路由中,静态路由的优先级最高。当动态路由与静态路由发生冲突时,以静态路由为准。动态路由是指网络中的路由器运行某种路由协议,路由器之间相互建立联系、传递路由信息,利用收到的路由信息更新路由表。它能实时地适应网络拓扑结构的变化。如果路由更新信息表明发生了网络变化,则路由选择软件就会重新计算路由,并发出新的路由更新信息,这些信息通过各个网络,引起各个路由器重新启动其路由算法,并更新各自的路由表以动态地反映网络拓扑变化。动态路由协议适用于网络规模大、网络拓扑复杂的网络,不过动态路由协议会不同程度地消耗路由器的CPU、内存和网络带宽资源。

4.6 网络安全技术——访问控制列表应用

4.6.1 访问控制列表简介

随着网络规模的扩大和流量的增加,对网络安全的控制和对带宽的分配成为网络管理的重要内容。通过对报文进行过滤,可以有效防止非法用户对网络的访问,同时也可以控制流量,节约网络资源。

ACL(Access Control List,访问控制列表)是通过配置对报文的匹配规则和处理操作来实现包过滤的功能。当设备的端口接收到报文后,即根据当前端口上应用的ACL规则对报文的字段进行分析,在识别出特定的报文之后,根据预先设定的策略允许或禁止该报文通过。

ACL通过一系列的匹配条件对报文进行分类,这些条件可以是报文的源MAC地址、目的MAC地址、源IP地址、目的IP地址、端口号等。

ACL根据ACL序号来区分不同的ACL,可以分为下列四种类型。

(1)基本ACL(ACL序号为2000~2999):只根据报文的源IP地址信息制定匹配规则。

(2)高级ACL(ACL序号为3000~3999):根据报文的源IP地址信息、目的IP地址信息、IP承载的协议类型、协议的特性等三、四层信息制定匹配规则。

(3)二层ACL(ACL序号为4000~4999):根据报文的源MAC地址、目的MAC地址、802.1p优先级、二层协议类型等二层信息制定匹配规则

(4)用户自定义ACL(ACL序号为5000~5999):可以以报文的二层报文头、IP报文头等为基准,指定从第几个字节开始与掩码进行“与”操作,将从报文提取出来的字符串和用户定义的字符串进行比较,找到匹配的报文。

4.6.2 访问控制列表配置方法

1. 配置基本 ACL

(1)配置基本 ACL,并指定 ACL 号,基本 IPv4 ACL 的序列号取值范围为 2000～2999。

语法:

[sysname]acl number acl－number

(2)定义规则:

1 制定要匹配的源 IP 地址范围;

2 指定动作是 permit 或 deny。

语法如图 4-6-1 所示。

```
[sysname-acl-basic-2000] rule [ rule-id ] { deny | permit }
[ fragment | logging | source { sour-addr sour-wildcard | any } |
time-range time-name ]
```

图 4-6-1　定义基本 ACL 规则

2. 配置高级 ACL

(1)配置高级 IPv4 ACL,并指定 ACL 号,高级 IPv4 ACL 的序列号取值范围为 3000～3999。

语法:

[sysname]acl number acl－number

(2)定义规则:

1 需要配置规则来匹配源 IP 地址、目的 IP 地址、IP 承载的协议类型、协议端口号等信息;

2 指定动作是 permit 或 deny。

语法如图 4-6-2 所示。

```
[sysname-acl-adv-3000] rule [ rule-id ] { deny | permit } protocol
[ destination { dest-addr dest-wildcard | any } | destination-port
operator port1 [ port2 ] established | fragment | source { sour-addr
sour-wildcard | any } | source-port operator port1 [ port2 ] | time-range
time-name]
```

图 4-6-2　定义高级 ACL 规则

3. 配置二层 ACL

(1)配置二层 ACL,并指定 ACL 号,二层 ACL 的序列号取值范围为 4000～4999。

语法:

[sysname]acl number acl－number

(2)定义规则:

1 需要配置规则来匹配源 MAC 地址、目的 MAC 地址、802.1P 优先级、二层协议类型等二层信息;

2 指定动作是 permit 或 deny。

语法如图 4-6-3 所示。

```
[sysname-acl-ethernetframe-3000] rule [ rule-id ] { deny | permit }
[ cos vlan-pri | dest-mac dest-addr dest-mask | lsap lsap-code lsap-
wildcard | source-mac sour-addr source-mask | time-range time-name]
```

图 4-6-3　定义二层 ACL 规则

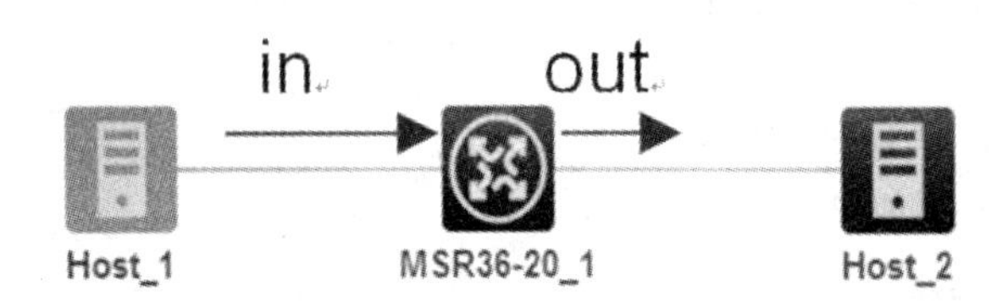

图 4-6-4　ACL 作用方向图

4. 将 ACL 应用到接口上,配置的 ACL 包过滤才能生效,如图 4-6-4 所示。

需要指明在接口上应用的方向是 inbound 还是 outbound,方法如图 4-6-5 所示。

```
[sysname-Serial2/0 ] firewall packet-filter { acl-
number | name acl-name } { inbound | outbound }
```

图 4-6-5　配置接口应用

4.7　实训

4.7.1　实训一:练习常用的网络管理命令

实验目的

学会网络管理命令的用法,体会网络管理命令的重要作用。

4.7.2　实训二:双绞线的制作

1. 实验目的

学习双绞线的制作与测试方法。

2. 实验器材

测线仪、压线钳、非屏蔽双绞线、RJ45 水晶头等,如图 4-7-1 所示。

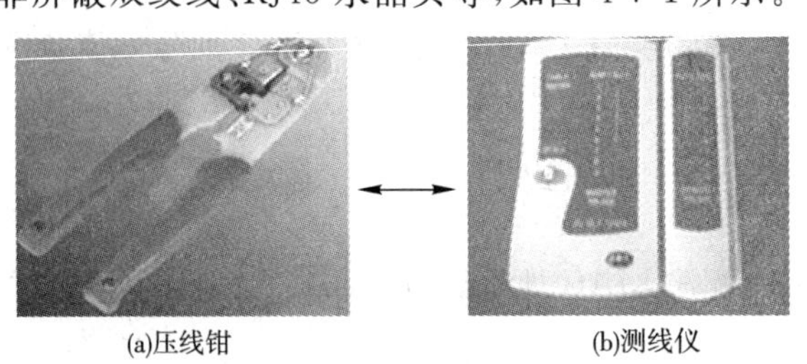

(a)压线钳　　(b)测线仪

图 4-7-1　制作双绞线常用工具

3. 实验内容

(1)TIA/EIA 标准。

568A 标准线序:绿白 绿 橙白 蓝 蓝白 橙 棕白 棕。

568B 标准线序:橙白 橙 绿白 蓝 蓝白 绿 棕白 棕。

(2)直通线与交叉线。

直通线:双绞线两端所使用的制作线序相同(同为 T568A/T568B),即为直通线,可用于连接异种设备,例如计算机与交换机相连。

交叉线:双绞线两端所使用的制作线序不同(两端分别使用 T568A 和 T568B),即为交叉线,可用于连接同种设备,例如计算机之间直接相连。

(3)双绞线制作之直通线制作步骤。

①使用压线钳上组刀片轻压双绞线并旋转,剥去双绞线两端外保护皮 2~5cm。

②按照线序中白线顺序分开四组双绞线,并将此四组线排列整齐。

③分别分开各组双绞线,并将已经分开的导线逐一捋直待用。

④导线分开后交换 4 号线与 6 号线位置。

⑤将导线收集起来并上下扭动,以达到排列整齐的目的。

⑥使用压线钳下组刀片截取 1.5cm 左右排列整齐的导线。

⑦将导线并排送入水晶头。

⑧使用压线钳凹槽压制排列整齐的水晶头即可。

4. 各步骤注意事项

①剥去外保护皮时,注意压线钳力度不宜过大,否则容易伤害到导线。

②四组线最好在导线的底部排列在同一个平面上,以避免导线的乱串。

③捋直的作用是便于到最后制作水晶头。

④交换 4 号线和 6 号线位置是为了达到线序要求。

⑤上下扭动能够使导线自然并列在一起。

⑥导线顺序:面向水晶头引脚,自左向右的顺序。

⑦压制的力度不宜过大,以免压碎水晶头;压制前观察前横截面是否能看到铜芯,侧面是否整条导线在引脚下方,双绞线外保护皮是否在三角楞的下方,符合以上三个条件后方可压制。

5. 双绞线的测试

直通线:测线仪指示灯 1—1 2—2 3—3 4—4 5—5 6—6 7—7 8—8 显示即为测试成功。

交叉线:测线仪指示灯 1—3 2—6 3—1 4—4 5—5 6—2 7—7 8—8 显示即为测试成功。

6. 实验总结

通过本次实验学生掌握了双绞线的制作与测试过程,认识了压线钳、测线仪等仪器和制作工具,达到了教学目的。顺利完成此次实验,需要授课教师的详细讲解。

4.7.3　实训三:小型办公、家庭区域网络的组建

任务一:组建双机直连网络

1. 实验目的

学会双机直连网络的组建方法。

2. 实验所需设备和材料

PC 机两台(已经安装好操作系统)、双绞线、水晶头等。

3. 实验拓扑

如图 4-2-1(a)所示。

4. 实验步骤

(1)制作一根交叉双绞线(一端按 568A 标准制作,另一端按 568B 标准制作)。

(2)用交叉线直接连接到两台 PC 机的网卡上。

(3)为 PC 机设置 IP 地址。需要注意,两台电脑要在同一子网中。小型网络一般使用 192.168.0.1—192.168.255.254 段的私有地址。

例如,可以按下面配置 IP 地址:

pc1:

ip 地址:192.168.1.1

子网掩码:255.255.255.0

pc2:

ip 地址:192.168.1.2

子网掩码:255.255.255.0

注意:这种连网不需要设置网关和 DNS。

(4)使用 ping 命令测试两台 PC 机之间是否能进行通信。

任务二:利用交换机组建小型对等网络

1. 实验目的

学会使用交换机组建小型对等网络。

2. 实验所需设备和材料

PC 机三台(已经安装好操作系统)、非屏蔽双绞线、水晶头、桌面交换机一台等。

3. 实验拓扑

如图 4-2-1 (b)所示。

4. 实验步骤

(1)制作三根直通双绞线(两端都按 568B 标准制作)。

(2)用直通线把三台 PC 机分别连接到交换机上。

(3)为三台 PC 机分别设置 IP 地址,可选用 C 类私有地址,方法同任务一。

(4)使用 ping 命令测试三台 PC 机之间能否 ping 通。

任务三:使用路由器建立家庭局域网

1. 实验目的

学会利用路由器组建小型家庭局域网,掌握路由器的具体配置方法。

2. 实验所需设备和材料

PC 机一台、调制解调器一台、路由器一台、笔记本一台、支持 WIFI 上网的手机一部、双绞线、水晶头等。

3. 实验拓扑

如图 4-7-2 所示。

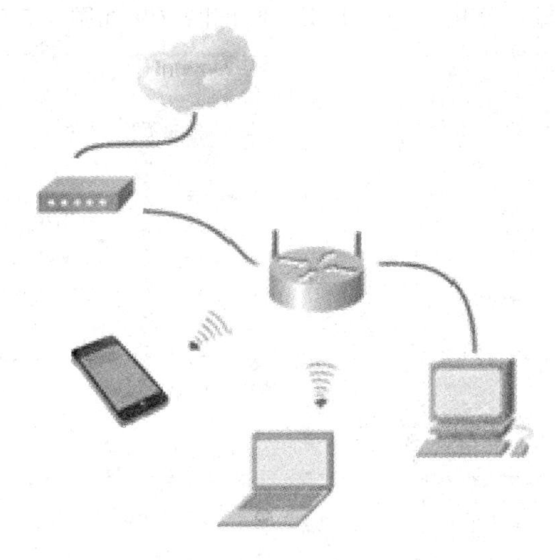

图 4-7-2　家庭局域网连接图

4. 实验步骤

(1)制作直通双绞线一根。

(2)设置路由器(以市场上常用的 TP-LINK 为例)。

①插上路由器电源,用直通线将电脑连接到路由器的 LAN 口,如图 4-7-3 所示。

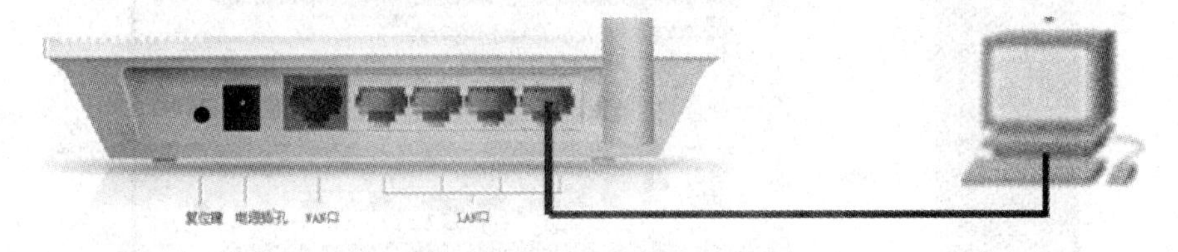

图 4-7-3　电脑连接路由器

②设置 PC 机获取 IP 地址的方式为 DHCP(略)。

③打开浏览器,在地址栏中输入路由器的管理 IP 地址,按回车键确认。一般在路由器的背面标识路由器的初始 IP 地址、用户名、密码等,如图 4-7-4 所示。

图 4-7-4　家用路由器标识图

④在弹出的窗口中输入路由器的初始 IP 地址和密码，如图 4-7-5 所示。

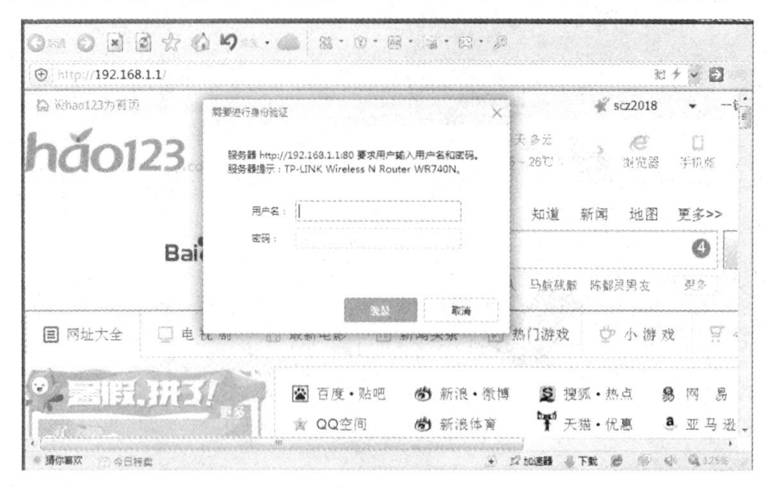

图 4-7-5　路由器登录窗口

⑤在路由器的初始界面里有个 SSID 号，就是将来手机、笔记本、平板电脑连接的信号源。名称可以在“无线设置”中修改，如图 4-7-6 所示。

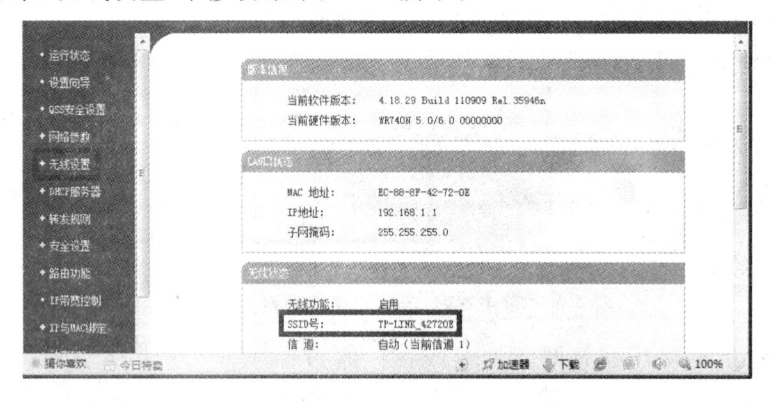

图 4-7-6　路由器无线状态

⑥点击“无线设置”，在基本设置中修改 SSID 号，如设置为 bbmc-nic，如图 4-7-7 所示。

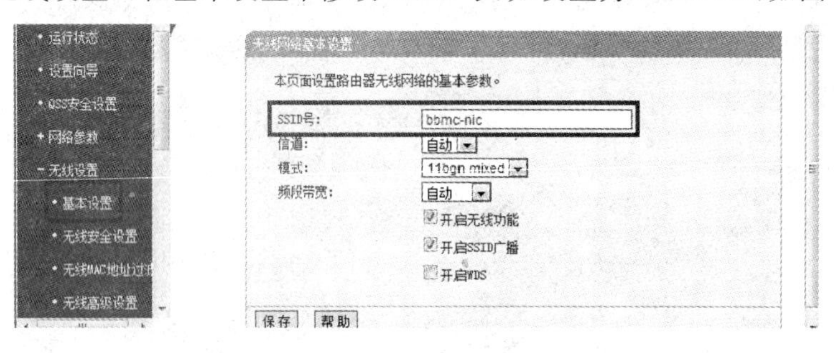

图 4-7-7　更改无线的 SSID 号

⑦在“网络参数”对 WAN 口、LAN 口及 MAC 地址进行配置。

◆LAN 口配置

一般不再重新设置，厂家已经默认设备为 192.168.1.0 网段，网关为 192.168.1.1，就是前面所说的路由器 IP 地址，如图 4-7-8 所示。

图 4-7-8　修改路由器 LAN 口 IP 地址

◆WAN 口配置

通常有以下三种情况：

第一种情况是通过运营商专线或者单位局域网的方式上网，有固定的 IP 地址，选择静态 IP，如图 4-7-9 所示。

图 4-7-9　使用静态 IP 地址

第二种情况是通过电信、网通等 ADSL 拨号上网，选择 PPOE 的方式，如图 4-7-10 所示。

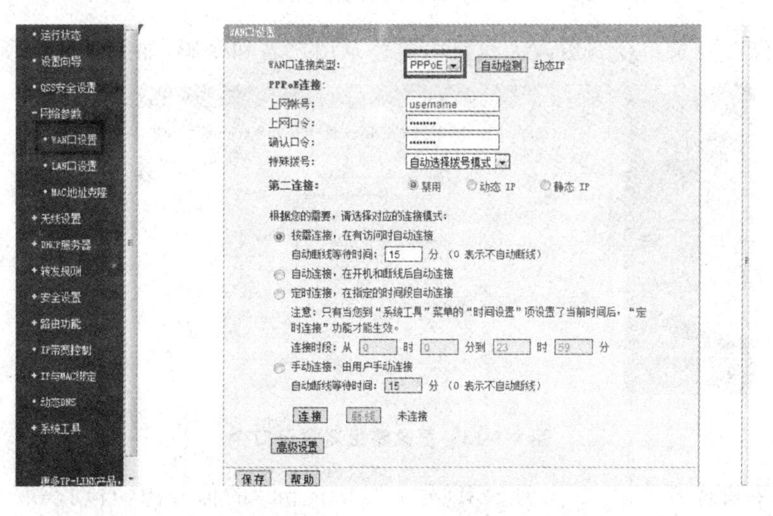

图 4-7-10　使用 PPOE 方式

第三情况是通过单位局域网，采用动态获取 IP 地址(DHCP)的方式，选择动态 IP。如图 4-7-11 所示。

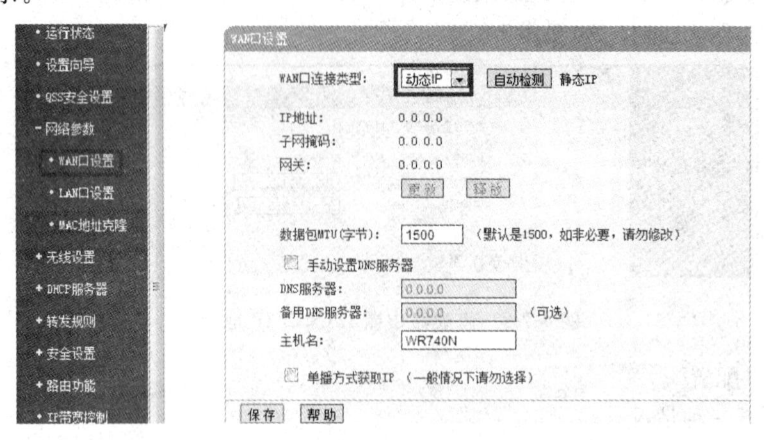

图 4-7-11　使用 DHCP 获取 IP 地址

⑧进入“无线设置”→“无线安全设置”，选择加密方式，设置密码，防止用户非法接入，保证网络安全，如图 4-7-12 所示。

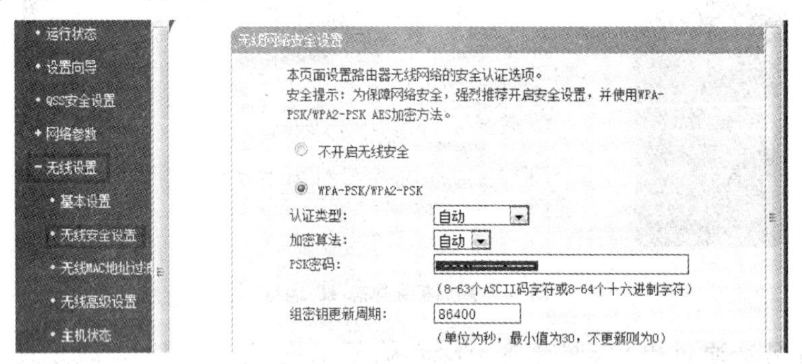

图 4-7-12　无线安全配置

⑨进入“修改登录口令”，更改无线路由器登录用户名和密码，如图 4-7-13 所示。

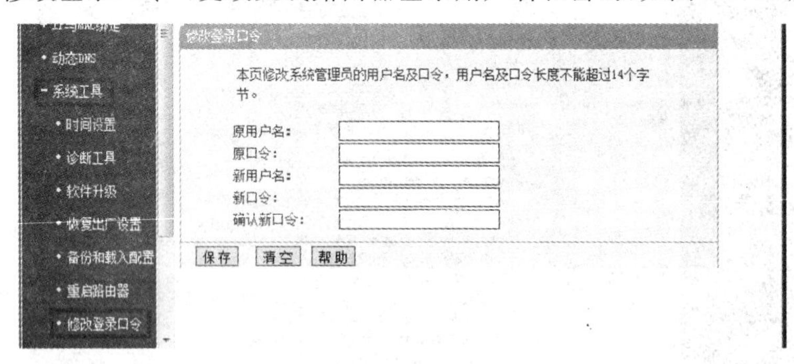

图 4-7-13　更改路由器登录口令

(3)使用手机或者笔记本，找到 SSID 号为“bbmc-nic”的信号源，自动获取 IP 地址进行连接，输入之前设置的无线安全密码。

(4)查找笔记本、PC 机分别获取的 IP 地址,使用 ping 命令测试一下它们之间能否进行正常通信。

(5)如果 WAN 口已经连接到了 Internet,则测试一下手机或者笔记本能否通过路由器正常访问互联网。

注意:家用路由器有十分丰富的功能,上面只是对最基本和最有必要的配置进行了说明。

4.7.4　实训四:H3C 交换机的基本配置

任务一:通过 Console 口配置 telnet 登录

通过交换机 Console 口进行本地登录是登录交换机的最基本方式,也是配置通过其他方式登录交换机的基础。

1. 建立本地配置环境

将微机(或终端)的串口(COM 口)通过标准 RS-232 电缆与设备的 Console 口连接,如图 4-7-14 所示。

图 4-7-14　通过标准 RS-232 电缆与交换机的 Console 口连接图

2. 终端软件设置

在微机上运行终端配置软件(如 Windows 自带的超级终端),设置终端通信参数为 9600bps、8 位数据位、1 位停止位、无奇偶校验和无流量控制,如图 4-7-15 所示。

图 4-7-15　电脑中超级终端配置

设备上电自检,系统自动进行配置,自检结束后提示用户键入回车,直到出现命令行提示符(如<H3C>)。

3. 配置交换机的管理 IP 地址

```
<H3C>system－view
[H3C]interface Vlan－interface 1
[H3C－Vlan－interface1]ip address10.0.0.1　255.0.0.0
```

4. 开启 telnet 服务,配置登录密码

[H3C]telnet server enable　　启动 telnet 服务

[H3C]user－interface vty 0　　进入 VTY 配置视图

[H3C]user privilege level 3　　配置从 VTY 可以访问的命令级别为 3 级

[H3C]authentication－mode password

[H3C]set authentication password simple 123456

[H3C－ui－vty0] protocol inbound telnet　设置 VTY0 用户界面支持 telnet 协议

[H3C －ui－vty0] screen－length 30　设置 VTY0 用户的终端屏幕的一屏显示 30 行命令

[H3C －ui－vty0] history－command max－size 20　设置 VTY0 用户历史命令缓冲区可存放 20 条命令

[H3C －ui－vty0] idle－timeout 6　设置 VTY0 用户界面的超时时间为 6 分钟

完成配置后再次使用 telnet 终端登录 10. 0. 0. 1,按照交换机提示输入 password:123456 即可进入用户视图。

任务二:交换机端口配置

1. 实验拓扑

如图 4-7-16 所示。

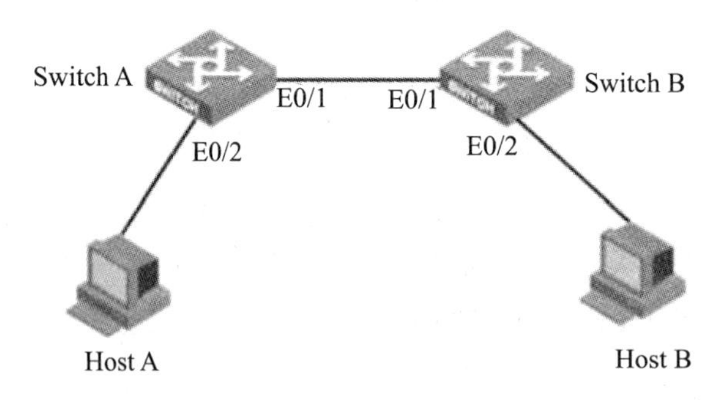

图 4-7-16　交换机端口配置拓扑图

说明: Switch A 与 Switch B 通过 E0/1 口互连;HostA 与 Switch A 的 E0/2 口相连,IP 地址为 192. 168. 1. 1/24,HostB 与 Switch B 的 E0/2 口相连,IP 地址为 192. 168. 1. 2/24。

2. 配置步骤

Switch A:

<H3C>system－veiw　　切换到系统视图

[H3C]sysname SwitchA　　设备当前的名称命名为 SwitchA

[SwitchA]int e0/1　　进入交换机的互连端口

[SwitchA－Ethernet0/1]speed 100　　设置端口的速度为 100M

[SwitchA－Ethernet0/1]duplex full　　设置端口的双工模式为全双工

Switch B:

<H3C>system－view　　切换到系统视图

[H3C]sysname SwitchB　　设备当前的名称命名为 SwitchB

[SwitchB]int e0/1 进入交换机的互连端口

[SwitchB-Ethernet0/1]speed 100 设置端口的速度为 100M

[SwitchB-Ethernet0/1]duplex full 设置端口的双工模式为全双工

3. 测试

设置 HostA 主机和 HostB 主机的 IP 地址,然后两台主机相互 Ping,想一想,两台机器能否正常通信?

如果不能正常通信,请检查一下线缆连接是否有问题或者系统的防火墙是否没有关闭。

说明:对于 H3C 网络设备的以太网接口基本都实现了自协商的功能,缺省情况下处于 auto 状态,不需用手工配置速度、双工等参数,但在光纤接口、连接服务器的端口以及参与端口聚合的端口一定要手工配置!

任务三:配置端口聚合

端口聚合是比较常用的一种技术,使用端口聚合可以解决如下问题:

①保障设备间通信的可靠性,两条线路可以互为备份。

②提高设备间通信的速度,两线路汇聚等于通信带宽增加一倍。

在做端口聚合实验的时候,应该注意下列问题:

①参与端口聚合的各个端口不能跨设备,也不能跨单板,端口号要连续。

②参与端口聚合的各个端口配置要一样。

③参与端口聚合的各个端口速度不能为自适应。

④参与端口聚合的各个端口必须工作在全双工模式。

1. 实验拓扑

如图 4-7-17 所示。

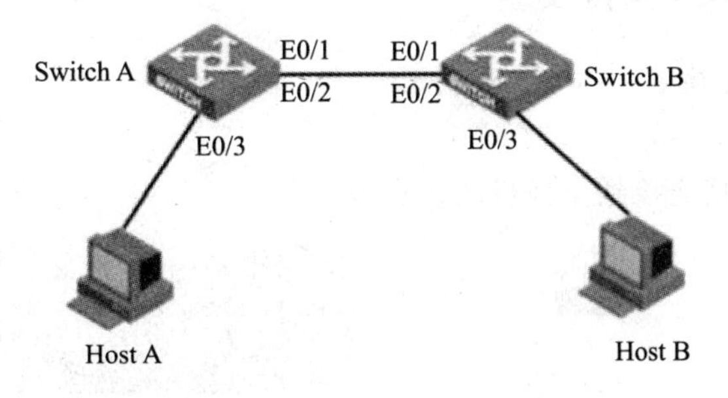

图 4-7-17 交换机端口聚合配置拓扑图

说明: Switch A 与 Switch B 通过 E0/1、E0/2 端口互连;HostA 与 Switch A 的 E0/3 口相连,IP 地址为 192.168.2.1/24,HostB 与 Switch B 的 E0/3 口相连,IP 地址为 192.168.2.2/24。

2. 配置步骤

Switch A:

<H3C>system-view 切换到系统视图

[H3C]sysname SwitchA 设备当前的名称命名为 SwitchA

[SwitchA]int e0/1 进入交换机的互连端口

[SwitchA-Ethernet0/1]speed 100 设置端口的速度为 100M

[SwitchA－Ethernet0/1]duplex full 设置端口的双工模式为全双工
[SwitchA]int e0/2 进入交换机的互连端口
[SwitchA－Ethernet0/2]speed 100 设置端口的速度为100M
[SwitchA－Ethernet0/2]duplex full 设置端口的双工模式为全双工
[SwitchA－Ethernet0/2]quit 退回系统视图进行端口聚合
[SwitchA]link－aggregation Ethernet 0/1 to Ethernet 0/2 both
Switch B：
＜H3C＞system－view 切换到系统视图
[H3C]sysname SwitchB 设备当前的名称命名为SwitchB
[SwitchB]int e0/1 进入交换机的互连端口
[SwitchB－Ethernet0/1]speed 100 设置端口的速度为100M
[SwitchB－Ethernet0/1]duplex full 设置端口的双工模式为全双工
[SwitchB]int e0/2 进入交换机的互连端口
[SwitchB－Ethernet0/2]speed 100 设置端口的速度为100M
[SwitchB－Ethernet0/2]duplex full 设置端口的双工模式为全双工
[SwitchB－Ethernet0/2]quit 退回系统视图进行端口聚合
[SwitchB]link－aggregation Ethernet 0/1 to Ethernet 0/2 both

3. 测试

设置两台PC机的IP地址分别为192.168.2.1和192.168.2.2，使用ping命令测试它们之间的通信情况。

4.7.5 实训五：VLAN组网实验

任务一：单台交换机端口隔离实验

1. 实验拓扑

按图4-7-18将电脑连接到交换机的任意端口上。

图4-7-18 单台交换机VLAN配置连接图

2. 给各PC机分配IP地址（在一个子网即可），并连接到交换机的任意端口

pc1：10.0.1.1 255.255.255.0
pc2：10.0.1.2 255.255.255.0
pc3：10.0.1.3 255.255.255.0
问题一：用ping命令测试三台PC机之间的通信情况，能相互ping通吗？

3. 在交换机上创建 VLAN10，并把 1～8 号端口划给 VLAN10

[H3C]System-view

[H3C]Vlan 10

[H3C-Vlan 10]

port GigabitEthernet 1/0/1　to GigabitEthernet 1/0/8

注意：要把 PC 机连接到 1～8 号端口上。

使用下面命令查看一下 VLAN 信息：

[H3C]Display vlan

[H3C]Display vlan 10

[H3C]Display vlan all

问题二：此三台 PC 机之间能相互 ping 通吗？

4. 在交换机上再创建 VLAN20，并把 9～16 号端口划给 VLAN20

[H3C]System-view

[H3C]Vlan 20

[H3C-Vlan]port GigabitEthernet 1/0/9　to GigabitEthernet 1/0/16

使用下面命令查看一下 VLAN 信息：

[H3C]Display vlan

[H3C]Display vlan 20

[H3C]Disp lay vlan all

问题三：用 ping 命令测试一下 PC1、PC2、PC3 之间的通信情况，能相互 ping 通吗？

任务二：跨交换机的 VLAN 划分实验

1. 实验拓扑

按图 4-7-19 将电脑连接到交换机的任意端口上。

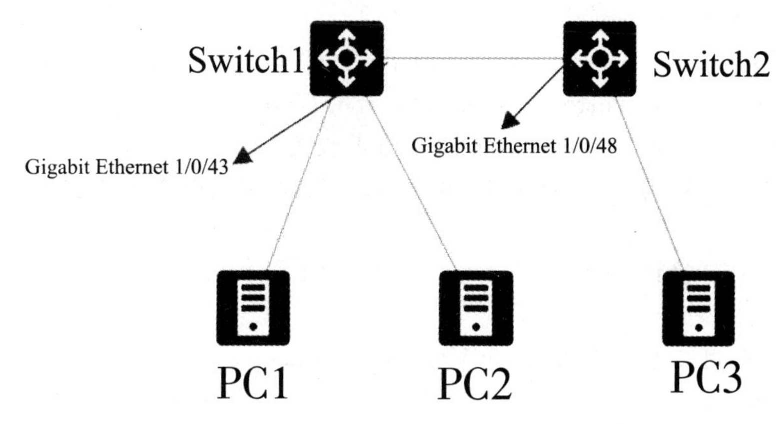

图 4-7-19　跨交换机 VLAN 实验连接图

2. 给各 PC 机分配 IP 地址(在一个子网即可)，并连接到交换机的任意端口

pc1：10.0.1.1 255.255.255.0

pc2：10.0.1.2 255.255.255.0

pc3：10.0.1.3 255.255.255.0

3. 配置交换机

switch1：

<H3C> System－view

[H3C]Sysname siwtch1

[switch1]InterfaceGigabitEthernet 1/0/48

[switch1－GigabitEthernet 1/0/48]Port link－type trunk

[switch1－GigabitEthernet 1/0/48]Port trunk permit vlan 1 10 20

[switch1－GigabitEthernet 1/0/48]quit

[switch1]Interface range GigabitEthernet 1/0/1 to GigabitEthernet 1/0/8

[switch1－if－range]Port access vlan 10

[switch1－if－range]quit

[switch1]Interface range GigabitEthernet 1/0/9 to GigabitEthernet 1/0/16

[switch1－if－range]Port access vlan20

Switch2：

<H3C> System－view

[H3C]Sysname siwtch2

[switch2]GigabitEthernet 1/0/48

[switch2－GigabitEthernet 1/0/48]Port link－type trunk

[switch2－GigabitEthernet 1/0/48]Port trunk permit vla,. n 1 10 20

[switch2－GigabitEthernet 1/0/48]quit

[switch2]Interface range GigabitEthernet 1/0/1 to GigabitEthernet 1/0/8

[switch2－if－range]Port access vlan 10

[switch2－if－range]quit

[switch2]Interface range GigabitEthernet 1/0/9 to GigabitEthernet 1/0/16

[switch2－if－range]Port access vlan20

注意：两台交换机相连的端口应该配置 Trunk 模式。

问题一：把 PC3 接到 Switch2 的 1～8 号端口，测试 PC1、PC2、PC3 之间的通信情况是怎么的？

问题二：把 PC3 接到 Switch2 的 9～16 号端口，测试 PC1、PC2、PC3 之间的通信情况是怎么的？

任务三：利用三层交换机实现 VLAN 间通信

1. 实验拓扑

按图 4-7-20 连接线路，注意 Switch1 为三层交换机。

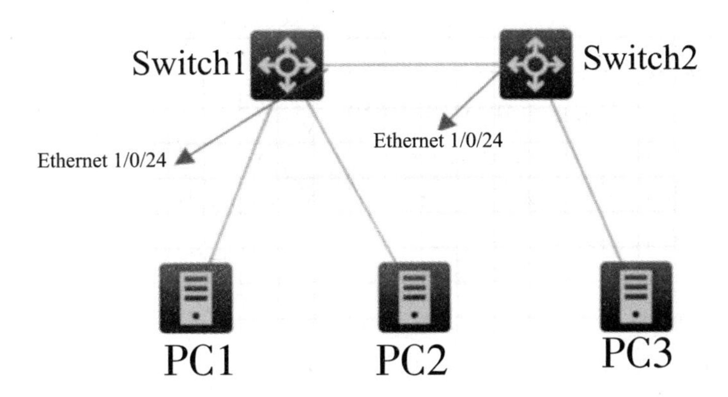

图 4-7-20　三层交换机 VLAN 实验连接图

2. 交换机配置

switch1：

```
<H3C> System－view
[H3C]Sysname siwtch1
<switch1>System－view
[switch1]VLAN 10
[switch1－vlan10]port Ethernet 1/0/1toEthernet 1/0/8
[switch1－vlan10]quit
[switch1]Vlan 20
[switch1－vlan10]port Ethernet 1/0/9toEthernet 1/0/16
[switch1－vlan10]quit
[switch1]Interface vlan 10
[switch1－vlan－interface10]Ip address 10. 0. 1. 1 255. 255. 255. 0
[switch1－vlan－interface10]quit
[switch1]Interface vlan 20
[switch1－vlan－interface20]Ip address 10. 0. 2. 1 255. 255. 255. 0
[switch1－vlan－interface20]quit
[switch1]Interface Ethernet 1/0/24
[switch1－ Ethernet 1/0/24]Port link－type trunk
[switch1－ Ethernet 1/0/24]Port trunk permit vlan 1 10 20
```

switch2：

```
<H3C> System－view
[H3C]Sysname siwtch2
<switch2>System－view
[switch2]VLAN 10
[switch2－vlan10]port Ethernet 1/0/1toEthernet 1/0/8
[switch2－vlan10]quit
[switch2]Vlan 20
```

[switch2－vlan20]port Ethernet 1/0/9toEthernet 1/0/16

[switch2－vlan20]quit

[switch1]Interface Ethernet 1/0/24

[switch1－ Ethernet 1/0/24]Port link－type trunk

[switch1－ Ethernet 1/0/24]Port trunk permit vlan 1 10 20

3. PC 机 IP 设置

pc1：

Ip：10.0.1.1

子网掩码：255.255.255.0

网关：10.0.1.254

pc2：

Ip：10.0.2.1

子网掩码：255.255.255.0

网关：10.0.2.254

pc3：

Ip：10.0.2.2

子网掩码：255.255.255.0

网关：10.0.2.254

问题一：把 PC1 连接到 Switch1 的 1～8 号端口，PC2 连接到 Switch1 的 9～16 号端口，PC3 连接到 Switch2 的 1～8 号端口，测试 PC1、PC2、PC3 之间的通信情况是怎么样的？

问题二：把 PC1 连接到 Switch1 的 1～8 号端口，PC2 连接到 Switch1 的 9～16 号端口，PC3 连接到 Switch2 的 9～16 号端口，测试 PC1、PC2、PC3 之间的通信情况是怎么样的？

4.7.6 实训六：路由配置

任务一：配置静态路由，使两台主机能够正常通信

1. 实验拓扑

如图 4-7-21 所示。

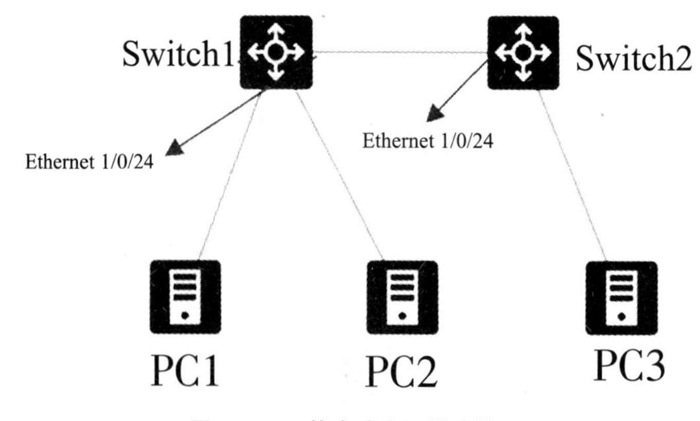

图 4-7-21 静态路由配置连接图

2. 路由器端口配置

Router A 的 S0/0 口的 IP 地址为 1.1.1.1/24

Router B 的 S0/0 口的 IP 地址为 1.1.1.2/24

Router A 的 E0/0 口的 IP 地址为 2.2.2.1/24

Router B 的 E0/0 口的 IP 地址为 3.3.3.1/24

3. PC 地址配置

Host A 的 IP 地址为 2.2.2.2/24，同 Router A 的 E0/0 口相连。

Host B 的 IP 地址为 3.3.3.2/24，同 Router B 的 E0/0 口相连。

4. 在路由器上配置静态路由，让两台 PC 机互访

Router A：

```
<H3C>system－view                                     切换到系统视图
[H3C]sysname RouterA                       设备当前的名称命名为 Router B
[RouterA]interface Ethernet0/0                        进入端口视图
[RouterA－ Ethernet0/0]ip address 3.3.3.1 255.255.255.0  配置接口 IP 地址
[RouterA－ Ethernet0/0]quit                           退回系统视图
[RouterA]interface serial 0/0                         进入端口视图
[RouterA－ serial 0/0]ip address 1.1.1.1 255.255.255.0   配置接口 IP 地址
[RouterA－ serial 0/0]quit
[RouterA]ip route－static 3.3.3.0 255.255.255.0 1.1.1.2  配置静态路由
```

Router B：

```
<H3C>system－view                                     切换到系统视图
[H3C]sysname RouterB                       设备当前的名称命名为 Router B
[RouterB]interface Ethernet0/0                        进入端口视图
[RouterB－Ethernet0/0]ip address 3.3.3.1 255.255.255.0   配置接口 IP 地址
[RouterB－ Ethernet0/0]quit
[RouterB]interface serial 0/0                         进入端口视图
[RouterB－Ethernet0/0]ip address 1.1.1.2 255.255.255.0   配置接口 IP 地址
[RouterB－Ethernet0/0]quit
[RouterB]ip route－static 2.2.2.0 255.255.255.0 1.1.1.1  配置静态路由
```

5. 问题

(1)用 ping 命令测试两台 PC 机间的通信情况；

(2)用 display ip routing－table 查看路由器的路由表的情况；

(3)在 PC 机上使用 tracert 命令查看两台 PC 机通信时的路由情况。

任务二：配置 RIP 协议，使两台主机能够正常通信

1. 实验拓扑(同任务一)

2. 路由器端口配置(同任务一)

3. PC 地址配置(同任务一)

4. 在路由器上配置 RIP 协议

routerA：

<H3C>system－view

[H3C]sysname RouterA

[RouterA]Undo ip route－static 3.3.3.0 255.255.255.0 1.1.1.1　删除静态路由

[RouterA]rip 2　启动 RIP 协议

[RouterA －rip－2]network 1.1.1.0　发布网段

[RouterA －rip－2]network 2.2.2.0

[RouterA －rip－2]undo summary　取消路由聚合功能

routerB：

<H3C>system－view

[H3C]sysname RouterA

[RouterB]Undo ip route－static 2.2.2.0 255.255.255.0 1.1.1.1

[RouterB]rip 2

[RouterB －rip－2]network 1.1.1.0

[RouterB －rip－2]network 3.3.3.0

[RouterB －rip－2]undo summary

5. 问题

(1)用 ping 命令测试两台 PC 机间的通信情况；

(2)用 display ip routing－table 查看路由器的路由表的情况；

(3)在 PC 机上使用 tracert 命令查看两台 PC 机通信时的路由情况。

任务三：配置 OSPF 协议，使两台主机能够相互访问

1. 实验拓扑

如图 4-7-22 所示。

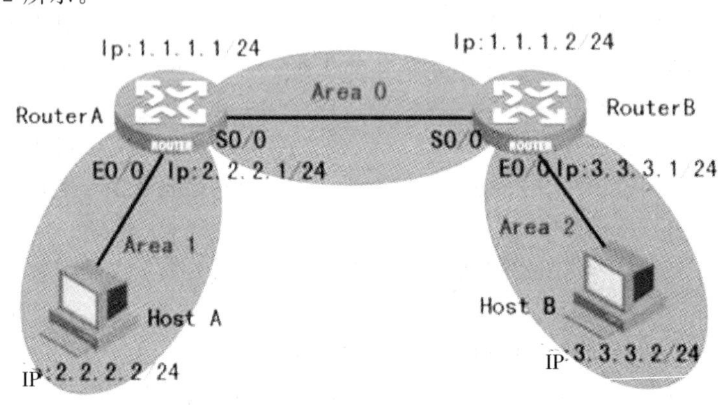

图 4-7-22　路由器 OSPF 实验连接图

2. 路由器端口配置(同任务一)

3. PC 地址配置(同任务一)

4. 在路由器上配置 OSPF 路由协议

Router A：

<H3C>system－view　切换到系统视图

```
[H3C]sysname RouterA                                   设备当前的名称命名为 Router A
[RouterA] interface Ethernet0/0                        进入 E0/0 接口
[RouterA－Ethernet0/0]ip address 2.2.2.1 255.255.255.0 配置接口 IP 地址
[RouterA－Ethernet0/0]interface serial 0/0             进入 S0/0 接口
[RouterA－serial 0/0]ip address 1.1.1.1 255.255.255.0  配置接口 IP 地址
[RouterA－serial 0/0]quit                              退回系统视图
[RouterA]router id 1.1.1.1                             定义设备的 Router id
[RouterA]ospf                                          启动 OSPF 协议
[RouterA－ospf－1]area 0                               创建区域 0
[RouterA－ospf－1－area0.0.0.0]network 1.1.1.0 0.0.0.255 发布网段,注意用反掩码
[RouterA－ospf－1－area0.0.0.0]quit                    退出当前视图
[RouterA－ospf－1]area 1                               创建区域 1
[RouterA－ospf－1－area0.0.0.1]network 2.2.2.0 0.0.0.255
<RouterB>reset ospf all                                重新启动 OSPF 进程
Router B:
< H3C>system－view                                     切换到系统视图
[H3C]sysname RouterB                                   设备当前的名称命名为 Router B
[RouterB] interface Ethernet0/0                        进入 E0/0 接口
[RouterB－Ethernet0/0]ip address 3.3.3.1 255.255.255.0 配置接口 IP
[RouterB－Ethernet0/0]interface serial 0/0/            进入 S0/0 接口
[RouterB－serial 0/0]ip address 1.1.1.2 255.255.255.0  配置接口 IP
[RouterB－serial 0/0]quit                              退回系统视图
[RouterB]router id 1.1.1.2                             定义设备的 Router id
[RouterB]ospf                                          启动 OSPF 协议
[RouterB－ospf－1]area 0                               创建区域 0
[RouterB－ospf－1－area0.0.0.0]network 1.1.1.0 0.0.0.255  发布网段
[RouterB－ospf－1－area0.0.0.0]quit                    退出当前视图
[RouterB－ospf－1]area 2                               创建区域 2
[RouterB－ospf－1－area0.0.0.1]network 3.3.3.0 0.0.0.255  发布网段
<RouterB>reset ospf all ·                              重新启动 OSPF 进程
```

5. 问题

(1)用 ping 命令测试两台 PC 机间的通信情况。

(2)用 display ip routing－table 查看路由器的路由表的情况。

(3)在 PC 机上使用 tracert 命令查看两台 PC 机通信时的路由情况。

注意:在路由器上使用如下命令后,才可以使用 tracert。

```
<Router>System－view
[Router]Ipttl－expires enable
[Router]Ipunreachables enable
```

4.7.7 实训七:访问控制列表(ACL)的应用

实验步骤

(1)实验拓扑。按图 4-7-23 连接网络,配置接口及 IP 地址,配置路由协议,使两台主机间能够进行通信。

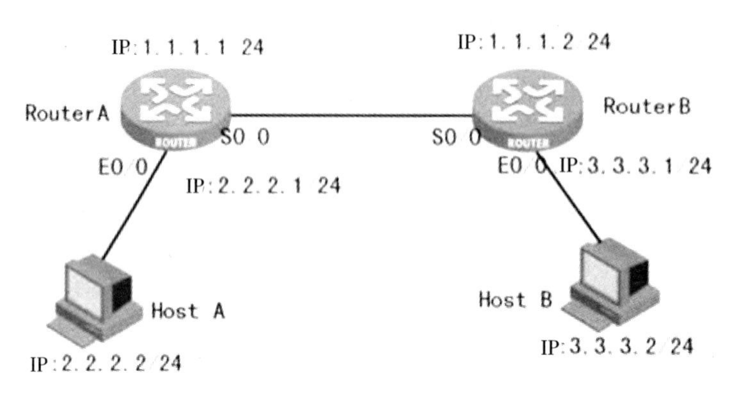

图 4-7-23 ACL 实验连接图

(2)配置基本访问列表,限制 host A 访问 host B,命令如下:

<H3C>System－view

[H3C]Sysname RouterA

[RouterA]Firewall enable

[RouterA]Acl number 2000

[RouterA－acl－basic－2000]Step 1

[RouterA－acl－basic－2000]Rule deny source 2.2.2.2 0

[RouterA－acl－basic－2000]quit

[RouterA]Interface e1/0

[RouterA－Interface e1/0]Firewall Packet－filter 2000 inbound

[RouterA]Display acl 2000

问题一:使用 ACL 前后,两台主机间的访问有什么变化?

(3)在 RouterA 上配置高级访问列表,限制 host A 访问 host B,命令如下:

<H3C>System－view

[H3C]Sysname RouterB

[RouterA]Acl number 3000

[RouterA－acl－adv－3000]Step 2

[RouterA－acl－adv－3000]rule deny icmp source 2.2.2.2 0 destination 3.3.3.2 0

[RouterA－acl－adv－3000]quit

[RouterA]Interface e1/0

[RouterA－ Interface e1/0]Firewall Packet－filter 3000 inbound

[RouterA]Display acl 3000

问题二:高级访问列表与基本访问列表有什么不同?

(4)配置基于时间 ACL,限制 host A 使用 ping 命令访问 host B,命令如下:

[RouterA]Time－range a from 14:30 12/12/2016 to 15:00 12/12/2016

[RouterA]Acl number 3000

[RouterA－acl－adv－3000]Step 2

[RouterA－acl－adv－3000]Rule deny icmp source 2. 2. 2. 2 0 destination 3. 3. 3. 2 0 time－range a

[RouterA－acl－adv－3000]quit

[RouterA]Interface e1/0

[RouterA－ Interface e1/0]Firewall Packet－filter 3000 inbound

[RouterA]Display acl 3000

问题三:配置基于时间的访问列表有什么意义?

注意:

①1 访问控制列表的网络掩码是反掩码。

②访问控制列表要在接口下应用。

③Deny 某网段后要 permit 其它网段。

④一个端口在一个方向上只能应用一组 ACL。